화학의
눈으로 보면
녹색지구가
펼쳐진다

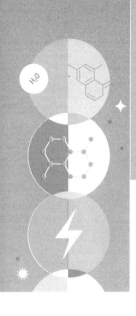

화학의
눈으로 보면

녹색지구가
펼쳐진다

원정현 지음

내 멋대로 읽고 싶다 07

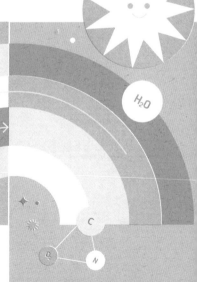

지구환경의 미래를 묻는
우리를 위한 화학 수업

지상의책

지구를 되살리는 데 화학이
왜 필요할까요?

깨끗하고 쾌적한 환경을 떠올릴 때 우리는 보통 녹색을 떠올립니다. 하지만 우리가 흔히 생각하는 화학의 이미지는 녹색과 별로 어울리지 않아 보입니다. 그냥 보면 둘은 좀 이상한 조합이죠. 보통 녹색은 깨끗한 자연과 연결 짓고, 화학은 인공적이거나 해를 입히는 물질과 연결해서 생각하니까요. 녹색의 세계에는 화학이 들어설 자리가 없어 보이고, 화학의 세계에는 녹색이 끼어들 자리가 없어 보입니다. 화학물질에 대한 두려움을 의미하는 케미포비아chemiphobia라는 말이 있을 정도인데, 과연 화학과 녹색이 어울릴 수 있을까요? 화학이 환경친화적일 수 있을까요? 화학이 지구를 살리는 일은 전혀 불가능할까요? 이 책은 이런 질문에서 시작되었습니다.

우리는 수많은 물질에 둘러싸여서 살아갑니다. 숨을 쉴 때 마시는 공기, 음식의 맛을 내기 위해 사용하는 소금, 머리를 감을 때 사용하는 샴푸, 교실에 놓인 칠판·책상·유리창 모두가 물질로 이루어져 있지요. 우리가 밟고 선 땅, 혹은 깊은 바닷속, 비행기가 지나다니는 대기권 저 높은 곳 모두 물질의 집합입니다. 물론 우리의 몸도 물질로 구성되어 있습니다. 우리 몸의 70%는 물로 이루어지며, 우리 세포 속 DNA라는 물질에는 생명을 유지하고 자손을 만드는 데 필요한 정보가 들어 있어요. 화학은 세계를 구성하는 이러한 물질의 성질, 조성, 구조 및 물질의 변화 과정을 다루는 학문입니다. 그리고 화학 연구의 대상이 되는 물질을 우리는 화학물질化學物質, chemical substance 이라고 해요.

화학물질은 많은 경우 물, 이산화탄소, 소금, 메테인처럼 자연적으로 만들어집니다. 생물들이 만드는 화학물질이 대표적이죠. 곤충이 서로 소통하기 위해 만들어내는 페로몬, 아주 적은 양에도 불구하고 우리 몸의 기능을 조절하는 데에 중요한 역할을 하는 호르몬, 우리 눈의 홍채와 피부 색깔을 결정하는 멜라닌, 반딧불이가 빛을 내는 데 이용하는 루시페린, 고추의 매운맛을 내는 캡사이신 등이 대표적인 예라고 할 수 있습니다. 매일 먹는 음식물의 영양소를 소화할 수 있는 것은 우리 몸에서 만들어지는 화학물질인 소화효소 덕분이라는 사실도 빼놓을 수 없겠죠.

하지만 이 책에서 우리의 주된 관심사는 자연적으로 만들어지는 화학물질이 아닙니다. 〈화학물질관리법〉에서는 화학물질을 "원소·화합물 및 그에 인위적인 반응을 일으켜 얻어진 물질과 자연 상태에서 존재하는 물질을 화학적으로 변형시키거나 추출 또는 정제한" 물질이라고 정의합니다. 이처럼 보통 화학물질이라고 하면 사람이 인위적으로 만들어내거나, 자연 화학물질에 인위적인 변화를 가한 물질을 의미합니다. 즉, 플라스틱, 합성계면활성제, 폼알데하이드, DDT 같은 물질을 의미하는 경우가 대부분이지요. 이런 물질들은 사람의 건강이나 환경에 피해를 줄 수 있습니다.

그런데 오늘날에는 이산화탄소나 방사성 물질처럼 자연적으로 만들어지는 화학물질도 큰 문제가 됩니다. 과학자들은 세 번의 산업혁명을 거치면서 사람들이 화석 연료를 무분별하게 사용해댄 결과 대기 중에 방출되는 이산화탄소의 양이 증가했으며, 그 결과 지구환경에 큰 변화가 나타났다고 생각하고 있어요. 또 원자력발전소가 폭발하는 사고가 일어나면 방사성 물질이 대기 중에 다량 배출되어 인체에 해를 끼치기도 합니다. 이처럼 자연적으로 만들어지는 화학물질이라도 인간에 의해 배출량이나 배출 속도가 달라지면 환경에 큰 영향을 줄 수 있습니다. 실제로 20세기 중반부터 과학자들은 인류가 인위적으로 화학물질을 만들어 사용하거나 자연 상태에 있는 물질들에 인위적으로 변화를 주는 과정에서 지구환경에 좋지 않은 영향을 미쳤다는 증거를 발견했습니다.

지구환경에 문제가 생겼다는 사실을 알게 된 대중매체는 이를 앞다투어 보도했습니다. 뉴스에서는 쓰레기와 농약으로 엉망이 된 땅과 바다의 모습, 플라스틱이 배 속에 잔뜩 든 고래의 모습, 뿌옇게 흐려져 앞을 볼 수 없는 도심의 모습 등을 연일 보여주었습니다. 이러한 모습은 많은 사람에게 위기감을 심어주었고, 환경오염이 우리 바로 옆에서 일어나는 현상이라는 사실을 깨닫게 해주었습니다.

지구 생태계를 둘러싼 화학물질들

그런데도 전 세계적으로 화석 연료 사용량과 온실가스 배출량은 아직 많이 줄어들지 않았고, 기후변화는 여전히 빠르게 진행됩니다. 온실효과나 지구온난화와 같은 용어는 거의 일상의 언어가 되었고, 100년 만의 더위, 100년 만의 홍수, 100년 만의 폭설이라는 말이 더는 놀랍지 않을 정도가 되었지요. 이쯤 되면 환경 문제에 무심하기가 더 어려운 지경입니다. 값싼 화석 연료를 태워 전기를 생산하고, 플라스틱·철·시멘트를 만들어 사용하고, 자동차·배·비행기를 이용해 이동하고, 에어컨·냉장고·난방기를 가동하면서 누려온 지난 세월의 대가를 매일 치르는 셈입니다.

물론 지구환경 변화가 인간의 활동으로 발생한 화학물질과 무관하지 않다는 사실을 알게 된 정부, 기업, 과학자, 환경 단체들이 두 손 놓고 가만히 있지만은 않았습니다. 국제사회는 지구환경 문제에 공동으로 대처하고, 환경을 오염하는 물질의 배출량을 줄이려고 노력하기 시작했어요. 각국 정부는 '기후변화에 관한 정부 간 협의체 IPCC'를 출범했고, 기업들은 청정에너지 기술 연구에 투자했으며, 환경 보호 단체들은 친환경·저탄소 정책으로 전환하도록 정부에 압력을 가했습니다. 또 과학자들은 자신들이 아는 과학 지식을 동원하여 환경오염을 줄일 해법을 찾아내려고 노력 중입니다.

그렇다면, 지구를 위해 우리가 할 수 있는 일은 무엇일까요? 이 지구에 사는 지구인으로서 나는 지구에 무엇을 어떻게 해야 할까요? 지구환경의 변화와 내 일상의 삶을 어떻게 서로 연결할 수 있을까요? 이 질문에 답을 내리려면 먼저 지구환경 변화의 현주소를 알아보고, 이에 대한 해법을 찾아온 지난 과정을 돌아본 후, 앞으로 나아가야 할 길을 찾아야 할 것입니다.

따라서 이 책은 먼저 우리 일상이 얼마나 많은 화학물질로 둘러싸여 있는지를 알아보고, 이러한 화학물질들이 지구에 미치는 영향을 이해하는 일로 시작할 것입니다. 2018년에 환경부가 실시한 '환경보전에 관한 국민의식조사'에 의하면, 우리나라 사람들이 가장 심각하게 느끼는 환경 문제는 지구온난화와 기후변화이며, 이어서 산업폐기물·대기·생활쓰레기 문제가 뒤를 이었습니다. 따라서 1부와 2부에서는 지구온난화와 기후변화의 가장 큰 원인인 이산화탄소, 그리고 심각한 산업폐기물이자 생활쓰레기인 플라스틱을 중심으로 우리가 일상에서 배출하는 오염물질이 지구의 대기, 토양, 바다에 어떤 영향을 끼쳤는지 살펴보겠습니다.

물질 순환 회복이 답이다

지구환경 문제를 파악하려면 무엇보다 문제를 바라보는 관점이 필요합니다. 관점이란 세상을 보는 시각이나 입장, 또는 방향을 말해요. 지구환경을 바라볼 때 '아, 이게 이래서 문제가 되는구나', '아, 이래서 환경이 오염되면 위험한 거구나', '아, 그래서 내가 앞으로 이런 방향으로 노력해야 하는구나'라는 생각을 할 수 있게 만들어주는 힘이 바로 관점인 셈이죠. 그렇다면 우리는 어떤 관점을 가지고 지구의 환경 변화를 바라보면 좋을까요?

이 책에서는 지구의 시스템과 환경을 물질 순환의 관점에서 바라봅니다. 순환이란 어떤 과정을 반복적으로 되풀이한다는 말이죠? 어떤 한 물질이 있는데, 이 물질이 다른 곳으로 갔다가 다시 원래의 장소로 돌아온다면 우리는 그 물질이 순환한다고 말합니다. 예를 들어 우리 몸의 피를 생각해보세요. 심장을 나간 피가 아무 탈 없이 씩씩하게 온몸을 돌아 다시 심장으로 돌아오면 우리는 피가 순환한다고 말합니다. 그런데 혈관에 콜레스테롤이 쌓이면 피는 우리 몸을 잘 순환하지 못하겠지요. 또 모세혈관이 터져서 피가 혈관 바깥으로 새어 나가는 경우에도 잘 순환할 수 없습니다. 피가 순환하면서 몸의 여러 조직세포에 필요한 물질을 전달해주고, 또 필요 없는 물질은 치워주는 역할을 잘 수행할 때 우리는 건강하다고 말할 수 있을 거예요.

지구도 마찬가지입니다. 지구 위의 물질들이 순환을 잘해야 지구는 건강을 유지합니다. 만약 어떤 물질이 지구의 한 장소에 쌓여 있기만 한다면, 그 물질은 순환할 수 없겠죠. 과학 시간에 배웠던 탄소의 순환을 생각해보세요. 이산화탄소가 대기 중에 자꾸만 쌓이게 되면, 이산화탄소 속에 들어 있는 탄소는 제대로 순환할 수 없을 거예요. 또 어떤 사람이 높은 온도에서 큰 압력을 가해 플라스틱을 만들었다고 생각해보죠. 한번 만들어진 플라스틱이 잘 분해되어야 쓰레기도 줄고 그 속에 든 물질도 순환이 잘 될 텐데, 실제로 플라스틱은 분해되기가 너무 어렵습니다.

물질이 순환하면서 필요한 곳에는 부족한 물질을 잘 공급하고, 넘치는 곳에는 불필요한 물질을 치워주거나 분해하는 과정이 균형 있게 일어난다면 지구는 건강할 거예요. 지구 시스템이 건강을 잃고 이상 징후를 나타내는 현재의 모습은 지구 위의 물질들이 순환하지 못한다는 강력한 증거입니다.

따라서 이 책의 3부에서는 지구 시스템과 지구 생태계에서 일어나는 몇 가지 환경오염 현상들을 물질 순환의 관점에서 재해석해볼 예정입니다. 순환의 관점에서 접근하면 우리가 일상에서 접했던 환경 문제의 원인과 해결 방법을 쉽게 파악할 수 있거든요. 이어지는 4부에서는 과학자, 기업가, 정부가 지구의 물질 순환 회복을 위해 각자의 위치에서 어떤 노력을 하는지 살펴볼 것입니다. 그리고 마지막 마무리로 우리가 일상에서 할 수 있는 일을 몇 가지로 정리해보도록 하겠습니다.

원리를 알고 행동을 선택하자

수학을 잘하고 싶다고 해서 세상의 모든 수학 문제를 다 풀어볼 수는 없어요. 물론 되도록 많은 문제를 풀어보면 어느 정도 도움이 됩니다. 대신 수학의 개념과 원리를 이해한다면, 생소한 문제가 닥쳤을 때도 스스로 해결할 힘을 가질 수 있을 거예요. 마찬가지입니다. 지구 생태계 속에는 너무나 많은 화학물질이 있고 너무나 많은 오염 경로가 있습니다. 애석하게도 그러한 화학물질의 용도나 역할을 일일이 다 외울 수는 없겠지요. 하지만 지구 생태계가 작동하는 기본 원리를 알면, 매 순간 어떤 행동을 선택해야 지구를 살릴 수 있을지 알게 됩니다.

2021년에 개봉한 우리나라 최초의 우주 영화 〈승리호〉를 보면, 2092년의 지구는 심각한 환경오염으로 사람이 살기 어려운 죽음의 행성이 되어버립니다. 대기는 숨을 쉴 수 없을 만큼 오염되었고, 지구 밖에는 지구에서 내다 버린 우주 쓰레기가 넘쳐나지요. 하지만 우리는 압니다. 지구의 심각한 환경오염은 2092년 미래의 일이 아니라 바로 지금 우리 세대, '나'의 일이라는 것을 말입니다. 그러므로 실천 또한 지금 우리 세대, '나'의 일입니다. 지구 시스템과 지구 생태계를 물질 순환이라는 기본 원리를 바탕으로 제대로 이해하면, 알맞은 실천은 자연스럽게 따라올 것입니다.

차례

시작하며 | 지구를 되살리는 데 화학이 왜 필요할까요? 5

Part 1

편리한 만큼 무심했던, 일상의 화학물질들

1. 합성계면활성제, 꼭 청결하기만 할까?

샴푸가 기름때를 머리에서 떼어내는 원리 21

고작 비누로 코로나바이러스를 예방할 수 있을까? 26

2. 플라스틱, 일상을 지배하고 바다를 장악하다

플라스틱 없이 등교할 수 있을까? 33

하교 후 만나는 일회용 플라스틱, 환경에도 일회용일까? 41

플라스틱이 위험한 진짜 이유 47

3. 우리에게 닥친 실질적인 위협, 방사성 물질

원자력발전소는 멀지만 오염된 고등어구이는 가깝다 53

침대까지 침투한 방사성 물질, 라돈 56

Part 2
보이지 않는 곳에서 돌고 도는,
이산화탄소 추적하기

4. 어디서 그 많은 이산화탄소가 나올까?

왜 전력을 아끼라고 할까? 63

편안한 주거와 맞바꾼 이산화탄소 68

5. 대기의 이산화탄소, 토양에 스며들다

복사평형이 깨진 지구의 운명은? 79

망가지는 토양, 풀려나는 탄소 90

6. 더는 바다에서 헤엄칠 수 없게 된다면?

바다가 대기 중 이산화탄소를 제거하는 시스템 99

대기 중 이산화탄소량 증가와 해양 산성화의 관계 102

Part 3

물질 순환, 자연에 이미 답이 있다

7. 지구를 시스템이라고 말하는 이유

상호작용하며 균형을 유지한다는 것 109

물질 순환고리는 어떻게 작동해왔을까? 115

8. 생태계의 법칙에서 해법을 찾아보자

첫 번째 법칙: 모든 것은 서로 연결되어 있다 121

두 번째 법칙: 모든 것은 어딘가로 가게 되어 있다 127

세 번째 법칙: 자연에 맡겨두는 편이 가장 낫다 136

네 번째 법칙: 공짜 점심 따위는 없다 141

Part 4

화학의 눈으로 보면 녹색지구가 펼쳐진다

9. 화학의 새로운 목표, 생태계와 조화 이루기

환경을 대가로 지불한 화학물질, 편리함과 파괴 사이 151

이제 목표는 지구 시스템의 물질 순환 회복! 156

10. 아직도 화학이 녹색과 상관없어 보인다면?

지구를 되살리는 데에는 화학이 빠질 수 없어 163

새롭게 디자인된 친환경 화학 들여다보기 166

11. 실체 없는 온실가스가 실제적인 위협이 되지 않도록

전 지구적 문제에 전 세계적 대응으로 177

이산화탄소 배출을 통제할 수 있을까? 180

12. 탄소중립을 위해선 실생활의 변화도 필요해

그저 생산하고 소비하면 끝일까? 187

플라스틱, 버리면 쓰레기이지만 재활용하면 새것이 된다 197

마치며 | 앞으로 우리 무엇부터 할까요? 202

참고자료 212

PART 1

편리한
만큼
무심했던,

일상의
화학물질들

1 장

합성계면활성제, 꼭 청결하기만 할까?

샴푸가 기름때를
머리에서 떼어내는 원리

우리는 매일 얼마나 많은 화학물질을 접할까요? 우리가 하루 동안 만나는 화학물질에는 어떤 종류가 있을까요? 의식하지 못하는 새에 우리는 매일매일 화학물질을 접하고 이용합니다. 사실 우리는 눈을 뜨는 순간부터 밤에 잠드는 순간까지 화학물질과 함께 생활한다고 할 수 있어요. 굳이 화학물질의 종류까지 알아야 하는 이유는 무엇일까요? 환경을 지키는 일은 결국 어떤 물질이 이 세상을 구성하고, 인간이 만들어낸 화학물질에는 어떤 종류가 있으며, 이들이 환경에 어떤 영향을 미치는지를 아는 데에서 출발하기 때문입니다.

우리가 하루 동안 만나는 화학물질의 종류는 너무나 많습니다. 살면서 접하는 화학물질의 이름과 성질을 모두 다 알기는 어렵겠죠? 그래서 1부에서는 우리에게 가장 친숙한 화학물질을 중심으로 우리의 하루 생활을 따라가보려고 해요. 바로 합성계면활성제, 플라스틱,

그리고 방사성 물질이에요. 특히 플라스틱은 우리나라 사람들이 가장 심각하게 생각하는 산업폐기물이자 생활쓰레기 중 하나지요. 이 세 가지 화학물질만 공부해도 우리가 매일 얼마나 많은 화학물질에 둘러싸여 사는지 실감할 수 있을 겁니다.

기름을 물에 녹이는 마이셀의 비밀

밝은 햇살이 창문으로 들어와 아침잠을 깨웁니다. 여러분은 따뜻하게 데워진 침대에서 나와 학교에 갈 준비를 해야 합니다. 먼저 졸음이 가득한 눈을 비비며 머리를 감고 세수를 하러 화장실에 들어가겠지요. 머리를 감는 데에 샴푸를 사용할 테고요? 샴푸는 우리가 하루 중 가장 먼저 만나는 화학물질일 거예요.

머리를 감을 때 사용하는 샴푸 속에 어떤 화학물질이 들어 있는지 알고 있나요? 샴푸 속에는 SLES[*]라는 화학물질이 들어 있어요. SLES는 '계면활성제'라는 물질로, 말 그대로 서로 다른 성질을 가진 물질이 만났을 때, 두 물질의 경계면을 이어주는 역할을 합니다.

물과 기름이 만나면 두 물질은 서로 섞이지 않죠? 그릇에 물과 기

---

[*]   SLES는 Sodium Lauryl Ether Sulfate의 약어다. 화학식은 $CH_3(CH_2)_{10}CH_2(OCH_2CH_2)_nOSO_3Na$ 이다. SLS Sodium Lauryl Sulfate도 대표적인 합성계면활성제이다.

름을 함께 넣어두면 두 물질 사이에 경계면이 생기면서 기름이 물 위에 둥둥 뜹니다. 기름의 밀도가 물의 밀도보다 더 작기 때문이죠. 그런데 물과 기름에 계면활성제를 넣어주면 서로 섞일 것 같지 않던 두 물질이 섞입니다.

샴푸에 계면활성제를 넣어주는 이유는 무엇일까요? 생활하다 보면 우리 머리카락과 두피에는 기름때가 생깁니다. 머리를 물로만 감으면 기름때 성분이 빠지지 않고 그대로 남지만, 샴푸 속에 계면활성제를 넣어주면 머리카락과 두피의 기름때를 제거할 수 있습니다.

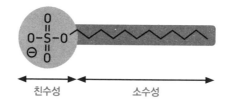

친수성　　　소수성

샴푸 속 계면활성제 SLES의 구조. SLES는 친수성(머리 부분)과 소수성(꼬리 부분)을 모두 지닌다.

그렇다면 계면활성제는 어떻게 머리의 기름때를 벗기는 걸까요? 비밀은 이 물질의 화학 구조에서 찾을 수 있어요. 위의 그림에서 볼 수 있듯이 SLES는 친수성親水性과 소수성疏水性을 모두 지닙니다. 친수성은 말 그대로 물과 친한 성질이고 소수성은 물과 친하지 않은 성질이에요. 계면활성제의 머리 쪽은 물과 잘 붙고, 꼬리 쪽은 기름과 잘 붙는 성질을 가진다는 말이죠. 물에 녹을 때 머리 부분이 어떤 전기적 특성을 띠느냐에 따라 계면활성제의 성질은 다양하게 나타납니다.

샴푸 속 계면활성제는 머리에 있는 기름때를 빙 둘러싸서 물속으로 떼어내는 역할을 합니다. 기름때와 물이 섞일 수 있도록 해주는 역할이죠. 머리에 샴푸를 문지르면, 아래의 그림처럼 계면활성제의 소수성 부분은 기름때 쪽으로 가서 달라붙고, 반대로 친수성 부분은 물과 접촉하는 바깥쪽으로 배열됩니다. 이 과정이 계속 진행되어 계면활성제 분자들이 때를 완전히 둘러싸면, 구형의 마이셀micelle이 형성되면서 때가 두피에서 떨어져 나옵니다. 마이셀의 친수성 부분은 물에 잘 달라붙으니까 샴푸 묻은 머리를 물로 헹구면 마이셀은 물과 함께 흘러 내려가겠죠.

그렇다면 머리를 감을 때 손으로 비벼주고 물로 헹구는 이유는 무엇일까요? 샴푸 묻은 머리를 손으로 비벼주면 샴푸 속 계면활성제

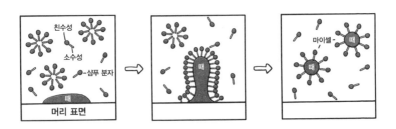

샴푸 속 계면활성제가 머리의 때를 제거하는 과정

가 더 쉽게 때를 둘러쌀 수 있기 때문입니다. 이때 거품이 많으면 표면적이 넓어지니까 때를 더 많이 효과적으로 뺄 수 있겠죠.

샴푸 속 계면활성제는 환경에 나쁜 물질일까요? 계면활성제가 무조건 환경에 나쁘지는 않습니다. 왜냐하면, 계면활성제 중에는 자연에서 만들어지는 천연계면활성제도 많기 때문이에요. 천연샴푸라는 말을 들어본 적이 있을 거예요. 천연계면활성제는 주로 코코넛이나 야자 등의 식물에서 얻을 수 있는데, 사람의 몸 안에서도 만들어집니다. 쓸개는 데옥시콜산나트륨sodium deoxycholate이라는 계면활성제를 만들어서 분비하는데, 이 물질은 지방 소화효소인 리페이스lipase의 작용을 촉진하는 역할을 해요.

문제는 합성계면활성제입니다. 합성계면활성제란 석유를 정제하고 남은 찌꺼기를 원료로 만든 계면활성제를 말해요. 샴푸 속 SLES는 천연계면활성제가 아니라 합성계면활성제입니다. 우리가 빨래할 때 사용하는 합성세제 속에 들어 있는 계면활성제도 주로 합성계면활성제지요. 합성계면활성제는 제2차 세계대전 당시 독일에서 처음으로 만들어졌는데, 값이 싸고 세정력이 강해서 오늘날에도 많이 사용됩니다.

고작 비누로 코로나바이러스를
예방할 수 있을까?

       비누도 때를 빼주는 기능을 가진 대표적인 계면활성제입니다. 샴푸와 마찬가지로, 우리가 사용하는 비누에는 천연계면활성제로 만든 제품도 있고, 합성계면활성제로 만든 제품도 있어요.

    2020년 초부터 전 세계적으로 대유행한 코로나바이러스-19를 예방하는 가장 효과적인 방법 두 가지로 마스크 쓰기와 손 씻기가 알려졌죠? 비누로 손을 씻으면 정말 코로나바이러스-19 예방에 도움이 될까요? 답은 물론 '도움이 된다'입니다.

    바이러스를 막는 데 비누로 손을 씻어야 하는 이유는 무엇일까요? 코로나바이러스-19의 구조를 살펴보죠. 코로나바이러스-19는 지름이 80~160나노미터밖에 되질 않습니다. 크기가 아주 작은 바이러스죠. 옆의 그림에서 볼 수 있는 것처럼, 코로나바이러스는 유전정보가 DNA가 아닌 RNA에 담겨 있고, 캡시드라고 불리는 단백질 껍질이 이 RNA를 둘러싸고 있어요.

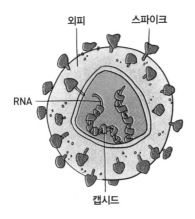

외피   스파이크

RNA

캡시드

코로나바이러스-19의 모습. 비누 속 계면활성제의 소수성 부분이
외피(지질막)에 결합하여 막을 파괴한다.

코로나바이러스의 바깥쪽은 외피로 둘러싸여 있는데, 외피 표면
에는 단백질로 이루어진 돌기들이 촘촘하게 나 있어요. 외피에 있는
이 돌기들은 단백질 스파이크라고 불리지요. 축구 선수들이 신는 축
구화를 보면, 밑바닥에 스파이크(스터드)가 붙어 있죠? 축구화의 스
파이크가 잔디나 운동장에서 축구 선수들이 미끄러지지 않도록 도
와주는 역할을 하듯이, 코로나바이러스 표면의 단백질 스파이크는
코로나바이러스가 숙주세포를 단단히 붙잡도록 도와줍니다. 바이러
스가 숙주세포로 잘 침투하도록 돕는 역할인 셈이죠. 이 단백질 스
파이크의 모양이 왕관을 연상시키기 때문에, 바이러스의 이름도 코
로나가 되었답니다. 코로나가 왕관을 뜻하거든요.

중요한 것은 코로나바이러스를 둘러싼 외피가 지질脂質, lipid로 이루어진다는 점이에요. 지질은 지방산, 글리세롤, 지용성 비타민 같은 물질을 말하는데, 이런 물질들은 물에 잘 녹지 않는 성질을 띱니다. 그러니 비누로 손을 씻으면 계면활성제의 소수성 부분이 바이러스의 외피에 가서 달라붙겠죠? 샴푸 속의 계면활성제가 때를 감싸서 피부에서 떼어내는 것처럼, 비누 속의 계면활성제가 바이러스의 외피를 감싸 떼어내는 원리입니다. 계면활성제가 감싼 마이셀의 바깥 부분은 친수성이니까 바이러스의 외피는 물과 함께 흘러 내려가게 되고, 외피를 잃은 바이러스는 파괴되어 버립니다. 그러니까 비누로 손을 깨끗이 닦고 흐르는 물에 잘 헹구기만 해도 코로나바이러스 감염을 상당히 막을 수 있다는 말입니다.

세정 기능을 하는 계면활성제는 샴푸와 비누 외에도 우리가 얼굴을 닦을 때 쓰는 클렌징폼, 샤워할 때 쓰는 바디워시, 설거지할 때 사용하는 주방 세제에도 들어 있어요. 심지어는 치약에도 계면활성제가 들어 있습니다. 치약 속 계면활성제는 입안의 때 가운데 지방 성분을 없애주는 역할을 한답니다.

손 세정제가 없다면 손 소독제로!

그렇다면 손 소독제와 손 세정제의 차이는 무엇일까요? 손 소독제와 손 세정제는 완전히 다른 물질입니다. 손 세정제는 비누의 일종입니다. 손 전용 물비누인 거죠. 손 세정제 속에는 계면활성제가 들어 있어서 바이러스를 피부에서 떼어내 물에 씻겨 보낼 수 있습니다.

이와 달리 손 소독제 속에는 세균이나 바이러스를 죽이는 성분이 들어 있어요. 학교 현관과 교실에 비치된 손 소독용 액체는 세정제가 아닌 소독제입니다. 손 소독제 속에 든 에탄올, 아이소프로판올, 염화벤잘코늄과 같은 알코올 성분은 살균 효과를 냅니다.

이러한 알코올 성분은 어떻게 바이러스를 죽이는 걸까요? 알코올은 지질을 녹이고 단백질을 응고시킵니다. 손 소독제를 바르면 먼저 알코올이 지질로 된 코로나바이러스의 외피를 녹입니다. 그러면 녹은 부위를 통해 알코올이 바이러스 내부로 침입하여 RNA를 감싸는 단백질 껍질을 파괴합니다. 바이러스를 죽이는 거죠.

만약 바이러스가 살아남아 운 좋게 사람 몸에 들어간다 해도 증식에 성공하기는 어렵습니다. 코로나바이러스가 폐 안으로 들어가려면 단백질 스파이크로 폐 안의 세포에 단단히 결합해야 하는데, 에탄올이 외피를 녹여 없앨 때 단백질 스파이크도 함께 없어지기 때문이지요. 이처럼 손 소독제의 알코올은 지질을 녹이고 단백질을 파괴해 바이러스가 기능하지 못하도록 막는 역할을 합니다.

화장품 속에도 계면활성제가?

머리를 감고 세수를 했으니 얼굴에 가볍게 로션 정도는 발라주어야겠죠? 그런데 우리가 매일 사용하는 화장품에도 천연 혹은 합성계면활성제가 들어 있다는 사실, 알고 있었나요?

화장품에는 수성 원료, 유성 원료, 기능성 원료, 방부제, 색조, 향료 등이 재료로 들어갑니다. 이런 여러 가지 재료가 잘 섞이려면 계면활성제가 꼭 필요합니다. 만약 화장품을 만들 때 계면활성제를 넣어주지 않는다면, 유성 원료는 수성 원료 위에 둥둥 뜰 거예요. 마치 소고기뭇국 위에 기름이 둥둥 뜨는 것처럼 말이죠. 이때 계면활성제를 넣고 잘 섞어주면 계면활성제가 유성 원료들을 잘게 잘게 떼어내어 마이셀을 형성하기 때문에, 유성 원료가 물 사이사이에 잘 흩어지게 됩니다.

그러니까 화장품 속의 계면활성제는 세정제가 아니라 유화제乳化劑, emulsifier입니다. 유화제에서 '유'는 젖을 의미합니다. 우유를 현미경으로 확대해서 보면 물에 아주 미세한 기름방울들이 퍼져 있는 것

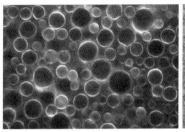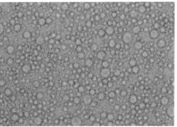

우유를 4,200배 확대한 모양(왼쪽)과 보습크림을 400배 확대한 모양(오른쪽). 모두 유화 상태인 것을 볼 수 있다.

을 볼 수 있어요. 이렇게 수용액에 미세한 기름방울이 퍼져 있는 상태를 유화emulsion되었다고 합니다. 유화는 '우유처럼 된다'는 뜻의 라틴어에서 유래한 용어예요. 그러니까 우리가 매일 아침 얼굴에 바르는 로션은 우유와 똑같은 상태의 물질이라고 할 수 있답니다.

2 장

플라스틱,
일상을 지배하고
바다를 장악하다

플라스틱 없이
등교할 수 있을까?

　　머리를 감고 세수를 하고 얼굴에 로션도 발랐으니, 이제 학교로 출발해야겠죠? 학교에 입고 갈 교복은 무엇으로 만들어졌을까요? 얼굴에 쓴 마스크는 어떤 물질로 이루어졌을까요? 안경이나 운동화는 어떤가요? 휴대전화 보호 케이스는 또 어떻고요?

　　플라스틱plastic은 플라스티코스plastikos라는 그리스어에서 유래한 말입니다. 원하는 모양으로 쉽게 가공할 수 있다는 뜻이지요. 플라스틱은 모양과 성질이 천연수지natural resin*와 비슷하지만, 인공적으로 합성해서 만들기 때문에 합성수지synthetic resin라고 부르기도 합니다. 20세기 기적의 소재로 불리는 플라스틱은 가벼우면서도 단단하고, 마음대로 색을 낼 수도 있으며, 어떤 모양도 쉽게 만들 수 있습니다. 심지어 수명도 길고 값도 싸죠.

----

*　　나무가 분비하는 끈끈한 액체인 진을 가리켜 수지 또는 천연수지라고 한다.

PS(폴리스타이렌)　　　PP(폴리프로필렌)

PET(폴리에틸렌테레프탈레이트)　PE(폴리에틸렌)

오늘날 가장 많이 생산되는 플라스틱 종류

플라스틱은 19세기에 처음 만들어졌지만, 오늘날과 같은 다양한 종류의 플라스틱이 만들어진 것은 1922년에 독일의 화학자 헤르만 슈타우딩거(1881-1965)가 플라스틱의 분자 구조를 밝혀내면서부터였답니다. 오늘날 생산량이 가장 많은 플라스틱은 폴리에틸렌PE, polyethylene, 폴리프로필렌PP, polypropylene, 폴리염화비닐PVC, polyvinyl chloride, 폴리스타이렌PS, polystyrene, 폴리에틸렌테레프탈레이트PET, polyethylene terephthalate 다섯 종이에요. 전 세계 플라스틱 생산량의 90%를 이 다섯 종류가 차지한답니다.

특히 제2차 세계대전 이후에는 석유화학산업이 발달하면서 플라스틱 생산량이 엄청나게 늘어났습니다. 석유화학산업이란 석유나 천연가스를 이용해 합성섬유, 합성고무 및 각종 화학 제품을 생산하는 산업을 말해요. 조지아대학 연구팀이 2017년에 발표한 연구 결과에 의하면, 플라스틱을 대량으로 생산하기 시작한 1950년대부터 2015년까지 인류가 생산한 플라스틱의 무게가 무려 83억 톤에 이른다고 해요. 83억 톤은 현존하는 가장 무거운 동물인 대왕고래 8,000만 마리, 에펠탑 82만 2,000개에 해당하는 무게입니다. 인류는 지난 75년 동안 정말 어마어마하게 많은 플라스틱을 만들어냈습니다.

3년 입고 버려지는 플라스틱, 교복

그렇다면 우리가 매일 만나는 플라스틱에는 어떤 것이 있을까요? 교복부터 한번 알아볼까요?

여러분이 학교에서 입고 생활하는 교복과 체육복에 공통으로 들어가는 화학물질은 폴리에스터polyester입니다. 폴리에스터는 가장 널리 사용되는 합성섬유예요. 폴리에스터의 원료는 폴리에틸렌테레프탈레이트, 즉 페트입니다. 페트라고 하면 페트병이 먼저 떠오르

원유를 분별 증류해 얻은 나프타부터 교복의 재료인 폴리에스터가 만들어지는 과정.
페트병과 폴리에스터는 모두 플라스틱의 한 종류인 페트로 만들어진다.

죠? 우리가 흔히 접하는 음료수 용기인 페트병과 매일 입는 교복은 모두 페트라는 플라스틱을 이용해 만들어집니다.

페트는 어떤 가공 기술을 쓰는지에 따라 다양한 형태의 제품으로 활용될 수 있어요. 먼저 사출射出이라는 기술을 이용하면 페트를 우리가 흔히 아는 페트병으로 만들 수 있답니다. 사출 기술이란 미리 가공된 틀에 액체 상태로 만든 플라스틱 재료를 주입한 뒤 냉각해 원하는 모양의 제품을 만들어내는 플라스틱 가공 기법을 말해요. 아울러 페트를 큰 힘으로 압축하면 필름을 만들 수 있지요.

또는 방사spinning*와 연신drafting** 기술을 이용해 페트에서 가는 섬유를 뽑아낼 수도 있어요. 이렇게 뽑아낸 섬유가 바로 교복에 들어가는 폴리에스터 섬유입니다. 한마디로 여러분이 입는 교복의 섬유

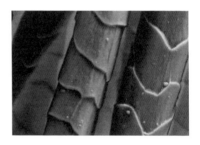

폴리에스터의 화학식과 현미경 확대 사진

....
*   고분자 물질을 녹여 가는 구멍을 통해 실을 뽑아 내는 것
**   늘려서 펴는 것

는 실처럼 가늘게 쪼갠 플라스틱인 셈이죠. 학교에서 매일 플라스틱을 입고 있다고 해도 과장이 아니라는 말입니다.

마스크는 왜 새로운 쓰레기 문제로 부상했을까?

2020년에 코로나바이러스-19가 전 세계적으로 퍼지면서 마스크는 전 세계인에게 필수품이 되었어요. 그런데 우리가 쓰는 마스크 역시 플라스틱 섬유로 만들어집니다. 마스크에는 다양한 플라스틱 소재가 들어 있는데, 그중 가장 중요한 소재는 폴리프로필렌입니다. 폴리프로필렌은 가볍고 내구성이 좋은 소재에요.

마스크는 보통 외피(겉감), 1차 필터, 정전 필터, 내피(안감) 등 여러 겹으로 이루어집니다. 외피 바로 안쪽의 1차 필터가 대기 중 먼지를 막아주는 역할을 한다면, 정전 필터는 바이러스나 미세먼지를 끌어당겨 걸러주는 역할을 합니다. 마스크의 KF 표시는 Korea Filter의 약자로 식품의약품안전처(식약처)가 인증한 공인 필터임을 의미하는데, KF 인증 마스크의 핵심 필터가 바로 정전 필터입니다.

정전 필터는 MB Melt-Blown 공법으로 만듭니다. MB 공법은 말 그대로 '녹인 후 내뿜는다'라는 뜻이에요. 정전 필터를 만들 때는 먼저 폴리프로필렌을 고온에서 녹인 후, 고압의 바람으로 마치 솜사탕을 만들 듯 실을 뽑아냅니다. 다음에는 실 형태의 폴리프로필렌을 여러 장으로 겹쳐 MB 필터를 만들어냅니다. 매일 얼굴에 플라스틱을 대고 생활하고 있었다니, 정말 놀랍지 않나요?

스마트폰 케이스, 한철 쓰고 말 거라면?

여러분은 휴대전화를 보호하기 위해 어떤 케이스를 사용하나요? 여러분이 사용하는 스마트폰 케이스도 플라스틱으로 만들어진다는 사실, 알고 있었나요?

스마트폰 케이스에는 하드 케이스, 소프트 케이스, 메탈 케이스 등이 있죠? 그중 하드 케이스는 폴리카보네이트PC, polycarbonate라는 물질로 만들어집니다. 폴리카보네이트는 플라스틱의 일종으로 가벼우면서도 충격 저항성이 강화유리보다 150배 정도 커서 강화유리 대신 많이 사용돼요. 방탄유리나 스포츠용 고글의 소재이기도 하지요. 겉으로는 유리처럼 보이는데 사실은 플라스틱인 소재가 있다면, 그 물질을 바로 폴리카보네이트라고 생각하면 된답니다.

반면 소프트 케이스는 폴리우레탄polyurethane이라는 소재로 만들어요. 이 소재는 고무의 성질과 플라스틱의 성질을 동시에 지녀서 유연하면서도 내구성 있는 케이스를 만들 수 있게 해준답니다.

플라스틱 종류	화학식	쓰임
폴리카보네이트		스마트폰 하드 케이스, 스포츠 고글 렌즈
폴리우레탄		스마트폰 소프트 케이스

스마트폰을 보호하기 위해 액정 전면에 붙이는 보호 필름도 플라스틱으로 만든답니다. 바로 플라스틱 페트를 이용하는 거죠. 페트를 얇게 펴서 필름으로 만들면 아주 강해서 잘 찢어지지 않거든요.

최근에는 스마트폰 액정이 곡선이거나 모서리가 휘어진 경우도 많지요? 이런 경우에는 보호용으로 우레탄 필름도 많이 사용한다고 합니다. 우레탄 필름은 페트 필름에 우레탄을 섞어 만드는데, 곡면에 잘 붙는 장점이 있습니다.

우리 몸을 떠받치는 운동화 속 플라스틱

학교에 갈 때 매일 신는 운동화의 구조를 살펴본 적이 있나요? 운동화는 어떤 구조로 되어 있을까요? 운동화의 위쪽 부분은 갑피라고 하고, 아랫부분은 밑창이라고 합니다. 운동화의 밑창은 다시 안창, 중창, 겉창으로 나뉘는데, 그중 가장 중요한 부분은 중창이에요. 중창은 운동화에서 쿠션 역할을 해줍니다. 코끼리가 자신의 몸무게를 지탱하면서 걸을 수 있는 이유가 발 뒤쪽에 지방질 쿠션이 있기 때문인 것처럼, 중창은 우리가 달리거나 걸을 때 신체가 받는 충격을 완화해준다고 할 수 있어요.

중창의 기본 소재는 플라스틱의 하나인 에틸렌비닐아세테이트 EVA, Ethylene Vinyl Acetate 입니다. EVA는 에틸렌과 비닐아세테이트를 중합하여 만드는데, 탄성이 좋고 부드러우면서도 튼튼해서 운동화 밑창뿐만 아니라 놀이방 깔개나 주방용 매트, 케이블, 비닐하우스, 각종 문구류, 태양광 모듈, 접착제 등에 사용됩니다. 또 방수 효과가 뛰어나서 장화, 비옷, 텐트, 물놀이용 튜브 등에 두루 사용되기도 한답니다.

운동화 중창의 소재인 EVA의 구조. 에틸렌과 비닐아세테이트를 결합해 만든 공중합체 copolymer 이다.

하교 후 만나는 일회용 플라스틱,
환경에도 일회용일까?

　　수업이 끝나고 하교한 후에도 우리는 많은 플라스틱을 마주합니다. 식당에서 밥을 먹고 입 주위를 닦는 데 사용했던 물티슈 속에는 어떤 성분이 들었을까요? 학교가 끝나고 친구들과 카페에 들러 한 잔 사서 나온 아메리카노 컵에는요? 학원에 가는 버스에서 사용하는 교통카드, 편의점에 들러서 산 물병, 가방 한 켠에 챙긴 화장품 통과 칫솔부터, 어렸을 때 즐겁게 가지고 놀던 레고 블록, 축구공, 당구공, 단추, 심지어는 전선에까지 플라스틱이 들어 있지 않은 제품이 없습니다. 그뿐만 아니라 할머니의 틀니, 볼펜, CD와 CD 플레이어, 필름, TV 디스플레이, 각종 의료기기, 태양전지, 인공 피부와 연골 등 상상할 수도 없을 만큼 많은 제품이 플라스틱으로 만들어지지요.

물티슈, 바다의 괴물이 되다

친구들과 분식집에 가서 떡볶이를 먹고 난 후 물티슈로 입을 닦은 적이 있나요? 놀랍게도 폴리에스터는 교복뿐만 아니라 우리가 손이나 입을 닦을 때 사용하는 물티슈에도 들어 있어요. 휴지가 펄프로 만든 종이의 일종이라면, 물티슈는 재생섬유인 레이온과 폴리에스터 등을 넣어 만든 합성섬유입니다. 우리가 매일 플라스틱 성분으로 입과 손을 닦았다는 뜻이죠.

여행 중에 고속도로 휴게소 화장실에 들르면, 언제나 접하는 문구가 있습니다. 비치된 화장지 이외에 물티슈는 절대로 변기에 버리지 말라는 문구 말이죠. 그 이유는 무엇일까요? 물티슈는 잘 찢어지지 않습니다. 일반 화장지와 달리 물티슈는 물에 녹지도 않죠.

변기를 따라 하수구로 흘러간 물티슈는 싱크대를 통과해 내려온 기름 성분들과 결합하여 팻버그fat-berg라는 단단한 기름 덩어리를 형성합니다. 팻버그는 기름을 뜻하는 팻fat과 빙산을 뜻하는 아이스버그iceberg의 합성어지요. 팻버그가 하수구를 막아버리기라도 한다면 어떤 문제가 생길지 짐작이 가나요? 만약 물티슈가 운 좋게 바다로 흘러들어 간다 해도 결국 작은 조각으로 부서져 미세플라스틱이 되어 바다를 오염할 테니, 물티슈를 변기에 버리는 일 따위는 하지 말아야 합니다.

음료수병 바닥 구조의 비밀

우리가 자주 마시는 음료수 병을 보통 페트병이라고 합니다. 페트병은 플라스틱의 한 종류인 페트로 만든 병을 말합니다. 우리는 언제부터 페트병을 사용했을까요?

1970년대 이전까지만 해도 콜라나 사이다 같은 탄산음료는 유리병에 담겨서 판매되었습니다. 그런데 미국의 화학소재 제조기업인 듀폰사에서 일하던 기계공학자이자 발명가 너새니얼 와이어스(1911-1990)는 플라스틱을 이용해 탄산음료 병을 만들고 싶어 했어요. 플라스틱은 유리보다 가볍고 깨지지도 않기 때문이었죠.

문제는 탄산음료를 플라스틱 병에 넣어두면 병이 자꾸 부풀어 오른다는 점이었습니다. 온도가 올라가면 탄산음료 속에 녹아 있던 이산화탄소가 기화하면서 병 내부의 압력이 높아지기 때문이었지요. 약 1만 번의 시도 끝에야 와이어스는 이산화탄소의 압력을 견딜 수 있는 페트병을 만들어낼 수 있었어요.

콜라나 사이다 같은 탄산음료가 담긴 페트병을 보면 몸체는 유선형이고 바닥은 위로 봉긋 솟아 울퉁불퉁하게 디자인되어 있죠? 그 이유는 압력 때문이에요. 온도가 올라가면 병 속 기체의 압력이 커지니까, 커지는 압력에 잘 견딜 수 있도록 몸체와 바닥의 표면적을 넓힌 거죠. 압력은 단위 면적당 받는 힘을 뜻하니까, 면적이 넓을수

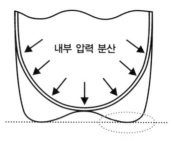

페트로 만든 탄산음료 병의 바닥 구조. 울퉁불퉁한 바닥은 내부의 압력을 분산하고 높은 압력에서도 병이 똑바로 설 수 있도록 한다.

록 압력은 낮아집니다. 따라서 바닥을 봉긋하고 울퉁불퉁하게 하면 페트병이 이산화탄소의 압력을 더 잘 견딜 수 있을 뿐만 아니라 높은 압력에서도 똑바로 서 있게 된답니다.

유리만큼 단단한 안경을 만들려면

오늘날과 같이 눈에 착용하는 형태의 안경은 13세기 말 이탈리아에서 처음 만들어졌는데, 당시의 안경 렌즈는 유리로 만들어졌어요.

오랫동안 사용되던 유리 렌즈는 1980년대 들어 CR-39라는 플라스틱 렌즈로 대체되었습니다. 오늘날 시력 교정용으로 가장 많이 사용되는 CR-39 렌즈는 39번의 시도 끝에 개발되었기 때문에 붙여진 이름이라고 해요.

CR-39보다 가볍고 충격에 강해 최근에 주목받는 렌즈가 앞에서 살펴보았던 폴리카보네이트 렌즈입니다. 스마트폰 하드 케이스의 재료인 폴리카보네이트는 안경이나 선글라스 렌즈의 재료이기도 해요. 스포츠용 고글에 주로 사용되던 폴리카보네이트 렌즈는 일반 안경 렌즈에도 사용되면서 세계적으로 점점 점유율을 높여가고 있답니다.

시력 교정용으로 가장 많이 사용되는 CR-39의 화학식

담배꽁초, 지구에 불을 붙이다

담배에는 궐련형 담배와 전자 담배가 있습니다. 궐련형 담배는 담뱃잎을 말려 가공 처리를 한 후 종이로 말아놓은 형태의 담배를 말해요. 전자 담배의 경우 플라스틱 카트리지가 눈에 보이기 때문에, 플라스틱이 전자 담배의 주요 성분이라는 것을 누구나 쉽게 알 수 있어요. 문제는 궐련형 담배입니다.

궐련형 담배의 필터는 셀룰로오스아세테이트라는 합성 플라스틱으로 이루어진다.

    궐련형 담배의 필터는 셀룰로오스아세테이트cellulose acetate라는 합성 플라스틱으로 만들어집니다. 필터 하나에 가는 플라스틱 섬유가 1만 2,000개 정도 들어 있다고 해요. 이 플라스틱이 분해되려면 10년 이상이 걸린다고 하니, 담배꽁초는 건강뿐만 아니라 환경에도 심각한 피해를 주는 골칫덩어리라고 할 수 있습니다.

플라스틱이 위험한
진짜 이유

플라스틱을 사용하고 난 뒤에 남는 가장 큰 문제는 플라스틱이 분해가 어렵다는 점입니다. 플라스틱을 땅에 묻으면 대부분 500년 이상 지나야 분해가 된다고 합니다. 플라스틱이 잘 분해되지 않는 이유는 무엇일까요? 이를 이해하기 위해서는 플라스틱이 만들어지는 과정을 잠시 살펴볼 필요가 있습니다.

먼저 플라스틱의 재료를 알아볼까요? 플라스틱의 주재료는 석유입니다. 석유를 구성하는 물질들의 기본 골격을 담당하는 원소는 탄소입니다. 석유는 탄소C 83~87%, 수소H 10~14%로 구성되니, 석유의 거의 전부를 탄소와 수소가 차지하는 셈이죠.

정제하지 않은 석유를 원유라고 합니다. 원유는 보통 검은색의 끈적한 액체 형태죠. 원유를 싣고 이동하던 배에 사고가 났을 때, 배에서 검은 액체가 흘러나와 바다를 뒤덮는 장면을 뉴스에서 본 적이 있을 거예요. 검은색의 원유 속에는 LPG(액화석유가스), 휘발유(가솔린), 나프타, 등유, 경유(디젤), 중유, 아스팔트 등이 들어 있답니다. 이 중 플라스틱을 만드는 데 사용되는 물질은 나프타naphtha예요.[*]

플라스틱이 잘 분해되지 않는 이유

플라스틱을 만들려면 먼저 나프타를 고온에서 분해해야 합니다. 나프타를 분해하면 에테인C_2H_6과 프로페인C_3H_8과 같은 물질을 얻을 수 있어요. 이 물질들에 다시 고온의 열을 가하면 에테인과 프로페인은 각각 에틸렌C_2H_4과 프로필렌C_3H_6으로 바뀌게 됩니다. 이러한 과정을 크래킹cracking이라고 하죠. 크래킹을 거쳐 만든 에틸렌과 프로필렌을 단위체 또는 모노머monomer라고 합니다.

플라스틱은 에틸렌과 프로필렌과 같은 단위체들이 모여서 만들어져요. 단위체들에 반응을 촉진하는 촉매를 넣고 압력을 가해주면 중합반응polymerization이 일어나는데, 중합반응이란 말 그대로 단위체들을 서로 이어 붙이는 반응이에요.

단위체 또는 모노머는 중합반응이 일어나면 폴리머polymer로 바뀌게 됩니다. '모노'는 하나라는 뜻이고 '폴리'는 많다는 뜻이죠? 그러

----

[*]   나프타는 독일식 발음이며, 영어 발음으로 납사라고 부르기도 한다.

니 중합반응을 통해 에틸렌은 폴리에틸렌이라는 폴리머가 되고, 프로필렌은 폴리프로필렌이라는 폴리머가 되는 거죠. 단위체들을 많이 이어 붙였으니까 중합반응으로 얻은 물질은 분자량도 엄청나게 커질 거예요. 한마디로 플라스틱은 단위체가 수천, 수만 개 반복되어 만들어진 고분자 화합물이라고 할 수 있어요.

플라스틱이 잘 분해되지 않는 이유는 바로 분자량이 매우 큰 고분자 화합물이기 때문입니다. 물질을 분해하려면 분자들 사이의 결합을 끊어서 크기가 작은 분자로 만들어야 하는데, 플라스틱 같은 고분자 화합물은 끊어야 할 결합 사슬의 수가 너무 많은 거죠. 또 분자

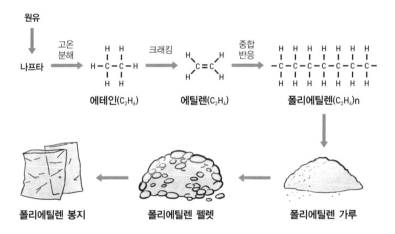

에테인이 에틸렌을 거쳐 폴리에틸렌으로 합성되는 과정. 열과 압력을 가하면 에틸렌을 이루는 탄소 원자 사이의 이중결합(C=C)이 단일결합(C–C)으로 바뀌면서 에틸렌 분자들이 서로 결합하여 폴리머를 형성한다.

의 크기가 커질수록 분자들 사이에 당기는 힘이 더 커지기 때문에 분해하는 데 더 많은 에너지가 필요합니다. 플라스틱이 분해되는 데 시간이 오래 걸리는 이유를 알겠죠?

앞에서 살펴본 것처럼 우리가 학교에서 매일 입고 생활하는 교복과 체육복, 미세먼지나 바이러스를 막기 위해 쓰는 마스크, 손과 입을 닦는 물티슈, 음료수를 마실 때 이용하는 일회용 컵, 스마트폰에 사용하는 보호 케이스와 액정 보호 필름, 시력 교정에 쓰는 안경의 렌즈, 외출할 때 신는 운동화의 밑창까지, 우리의 생활은 플라스틱 없이는 이야기할 수 없습니다. 물론 필기에 사용하는 문구류는 말할 것도 없죠. 그렇다면 플라스틱과 함께한 하루를 마치고 집에 돌아가면 또 어떤 화학물질이 우리를 기다릴까요?

3장

우리에게 닥친
실질적인 위협,
방사성 물질

원자력발전소는 멀지만
오염된 고등어구이는 가깝다

학교를 마치고 집에 돌아왔더니 저녁 식탁 위에 맛있는 고등어구이가 놓여 있네요. 잠깐! 고등어를 먹기 전에 고등어가 정말 안전한지 한번 생각해볼까요?

원자력발전소는 1950년대에 처음 지어졌습니다. 그 이후 현재까지 세계적으로 크고 작은 사고가 일어났어요. 그 대표적인 사건 중 하나가 2011년 3월 11일에 발생한 일본 후쿠시마 제1원자력발전소 폭발 사고입니다. 진도 9.0의 동일본 대지진과 높이 15미터의 쓰나미가 촉발한 사고였죠.

후쿠시마 원자력발전소 폭발 사고의 직접적인 원인은 냉각수가 제대로 공급되지 않았기 때문이었어요. 핵분열 과정에서는 많은 양의 열이 발생하기 때문에, 발전소를 가동할 때는 열을 식히는 냉각수가 꼭 필요합니다. 그런데 쓰나미의 발생으로 발전소 내 전기시설이 손상되면서 냉각수 펌프의 가동이 중단되고 말았어요. 그 결과

열을 식히지 못한 원자로 중심부의 온도가 1,200도까지 상승하였죠. 결국, 열 때문에 핵연료가 녹아내리면서 수소 폭발이 일어나 대량의 방사성 물질이 유출되고 말았습니다. 이 사고로 후쿠시마뿐만 아니라 일본 전역, 태평양 수천 제곱킬로미터 지역의 대기·물·생물·토양 등이 방사성 물질에 오염되었습니다.

우리 몸은 왜 세슘과 칼륨을 구분하지 못할까?

일본 후쿠시마 제1원자력발전소 폭발로 유출된 대표적인 방사성 물질은 세슘입니다. 세슘은 원소 기호 Cs, 원자 번호 55번으로, 원소주기율표에서 1족에 위치합니다. 자연 상태에서는 극히 적은 양으로 존재해 인체에 해가 되지 않지만, 핵실험이나 원자력발전소 사고 등으로 많은 양이 유출될 때에는 인체에 큰 위협이 될 수 있어요.

세슘이 인체에 위험한 이유는 인체가 세슘과 칼륨을 똑같은 원소로 착각하기 때문입니다. 칼륨은 신경세포의 안팎을 드나들면서 외부의 자극이 신경을 따라 잘 전도되도록 하는 원소입니다. 즉, 칼륨은 신경세포가 기능하는 데 필수적인 원소라고 할 수 있어요. 그러니 우리 몸은 칼륨을 적극적으로 몸 안에 받아들이려고 하겠죠? 그런데 세슘과 칼륨은 둘 다 주기율표의 1족에 해당합니다. 이는 두 원소의 화학적 성질이 비슷하다는 뜻이니, 우리 몸이 세슘을 칼륨으로 착각하는 게 그리 이상한 일은 아니겠죠.

우리가 저녁 반찬으로 먹을 고등어구이 속에 세슘이 잔뜩 들었다고 생각해보세요. 우리 몸은 세슘을 칼륨으로 착각해서 열심히 받아들이겠죠. 인체로 들어온 세슘은 근육이나 피하지방에 쌓입니다.

문제는 세슘 중에서도 원자량이 137인 세슘, 즉 세슘-137이 우리 몸 안에서 핵분열을 한다는 사실이에요.[*] 몸 안으로 들어온 세슘-137은 핵분열하는 과정에서 방사선과 에너지를 방출합니다. 몸 안에서 마치 원자 폭탄이 터지는 것과 똑같은 현상이 일어나는 셈이죠. 세슘-137이 방출하는 방사선은 우리 세포 속 DNA 구조에 변형을 일으키고 DNA의 화학적 성질을 변화시킵니다. 그 결과 우리 몸에서는 각종 암이 유발될 수 있어요.

후쿠시마 원자력발전소 폭발 사고 이후 우리나라의 대기와 바다가 방사성 물질로 오염되었다는 증거는 발견되지 않았지만, 우리 정부는 일본산 전 수입품에 방사선 검사를 시행해 국민의 불안감을 해소하고자 노력하고 있습니다.

---

[*] 세슘의 동위 원소로는 원자량이 133인 세슘-133, 원자량이 134인 세슘-134, 원자량이 137인 세슘-137 등이 있다.

침대까지 침투한
방사성 물질, 라돈

고단한 하루를 끝내고 이제 잠을 잘 시간이 되었네요. 우리가 누워 쉴 침대만큼은 화학물질 걱정 없는 안전한 잠자리가 되어야 할 텐데, 과연 그럴까요?

사실 우리는 언제 어디에서나 생활 방사선에 노출됩니다. 생활 방사선에는 자연 방사선과 인공 방사선이 있습니다. 인공 방사선이란 X선 촬영이나 CT 촬영 등 인위적으로 방출되는 의료 방사선을 말해요. 이와 달리 자연 방사선은 지표에서 자연적으로 발생하는 방사선이나, 우주에서 지구로 날아오는 우주 방사선cosmic ray, 음식물로 섭취되는 방사선 등을 말하지요.

자연 방사선의 절반 이상을 차지하는 물질은 지표면에서 발생하는 라돈Rn입니다. 라돈은 지구 어디에나 존재하지요. 라돈은 암석이나 토양 중에 존재하는 우라늄-238이 핵분열하는 과정에서 만들어지는 중간 생성물이에요.

라돈은 기체이므로 호흡하는 과정에서 체내로 흡수됩니다. 호흡을 통해 폐로 들어온 라돈은 납으로 최종분해되는 과정에서 방사선과 에너지를 방출합니다. 이때 발생하는 방사선과 에너지가 기관지와 폐 세포의 유전자에 돌연변이를 일으켜 폐암을 유발할 수 있습니다. 미국에서는 라돈을 흡연 다음으로 폐암 위험도가 높은 1급 발암물질로 분류하고 있어요.

라돈에서 우리를 보호할 방법은 무엇일까요? 라돈은 건물 바닥이나 벽의 갈라진 틈으로 실내에 유입됩니다. 따라서 실내 라돈 농도를 낮추는 가장 좋은 방법은 '환기'입니다. 실내 공기를 환기하지 않으면 실내 라돈 농도가 점점 높아져 건강에 악영향을 끼칠 수 있거든요. 미국환경보호청 USEPA, U.S. Environmental Protection Agency도 학생들이 교실 환기로 라돈 농도를 낮출 수 있도록 적극적으로 교육한답니다.

잘 때조차 방사성 물질을 만난다면

2018년 우리나라를 들끓게 했던 '라돈 침대 사태'를 기억하나요? 당시에는 몸에 좋다는 이유로 음이온 침대가 크게 유행했어요. 한 침대 회사는 음이온 침대를 만드는 과정에서 모나자이트라는 희귀 광물

모자나이트의 한 종류. 방사성 물질인 우라늄과 토륨을 함유한다.

을 곱게 간 분말을 침대 매트리스 속 커버 안쪽에 발라 코팅했어요.

그런데 모나자이트에는 방사성 물질인 우라늄U과 토륨Th이 약 1:10의 비율로 들어 있고, 이 우라늄과 토륨이 핵분열을 일으키며 방사성 기체인 라돈을 내보낸다는 사실이 알려졌습니다. 놀란 여론은 들끓었고, 해당 침대 회사는 문제가 된 침대 매트리스를 모두 회수했어요. 라돈 침대 사태는 방사성 물질이 먼 곳이 아닌 우리 주변에 있음을 보여준 대표적인 사건이었답니다.

지금까지 우리는 합성계면활성제, 플라스틱, 그리고 방사성 물질을 중심으로 우리의 하루 생활을 되짚어보았어요. 물론 우리 주변에는 앞에서 설명한 화학물질들 말고도 아주 많은 화학물질이 있답니다. 새집증후군을 유발하는 폼알데하이드formaldehyde, 페인트나 염료, 플라스틱의 재료로 많이 이용되는 벤젠benzene, 가스레인지나 난방 연료를 사용할 때 발생하는 이산화질소NO_2, 화장품이나 식품의 보존제로 널리 이용되는 파라벤paraben, 항균제나 살균제로 많이 사용하는 트라이클로산triclosan 등 우리에게 해를 끼치는 화학물질도 아주 많아요. 화학물질 자체에 공포심을 가질 필요는 없지만, 우리를 둘러싼 화학물질에 관한 지식은 오늘날의 지구환경을 이해하는데 꼭 필요합니다.

1부에서 우리 주변의 화학물질에 관한 지식을 쌓았으니, 이어지는 2부에서는 우리의 시야를 좀 더 확장해볼까요? 일상에서 지구 전체로 눈을 돌려보면, 우리가 매일 만나는 화학물질이 지구의 대기, 바다, 토양에 어떤 영향을 끼치는지 알 수 있을 것입니다. 자, 하루 여행을 마쳤으니 이제부터는 지구 여행을 시작해보겠습니다.

PART 2

보이지 않는
곳에서
돌고 도는,

이산화탄소
추적하기

4장

어디서 그 많은
이산화탄소가 나올까?

왜 전력을
아끼라고 할까?

1부에서는 우리가 매일 만나는 화학물질을 합성계면 활성제, 플라스틱, 방사성 물질 중심으로 살펴보았습니다. 지구의 환경 변화를 이야기할 때 반드시 주목해야 하는 또 다른 화학물질은 다름 아닌 이산화탄소입니다. 이산화탄소는 우리나라 사람들이 가장 우려하는 지구온난화와 기후변화의 주범이기 때문입니다. 2부는 바로 이산화탄소에 관한 이야기입니다.

2부에서는 이산화탄소가 어떻게 대기 중으로 방출되는지, 이산화탄소와 지구온난화에는 어떤 관계가 있는지 살펴본 후, 대기 중 이산화탄소량 증가가 토양 오염이나 바다의 산성화와 어떤 연관이 있는지 답을 찾아보려고 합니다. 자, 그럼 이산화탄소를 따라 지구의 대기와 땅, 바다로 여행을 떠나보겠습니다.

2021년 말 세계 인구는 79억 명을 넘었습니다. 사람의 수가 증가하면 그만큼 호흡을 많이 할 테니까, 대기 중으로 나가는 이산화탄소의 양은 점점 더 많아지겠죠? 그렇다면 인구 증가가 대기 중 이산화탄소량 증가의 직접적인 원인일까요?

사실 인류가 호흡으로 내보내는 이산화탄소는 대기오염에 생각만큼 큰 영향을 끼치지 못 합니다. 사람은 호흡으로 한 명당 한 해에 약 340킬로그램의 이산화탄소를 배출합니다. 여러 가지 변수를 고려해도, 인류 전체가 한 해에 대기 중으로 배출하는 이산화탄소의 양은 30억 톤을 넘지 않죠. 우리 몸의 구성 성분 중 탄소가 차지하는 비율이 18%라는 점을 생각해보면, 오히려 생물의 몸은 공기 중에 있는 탄소를 저장해놓는 공간이라고 할 수 있을 거예요.

기후과학자의 97% 이상이 지난 한 세기 동안 진행된 지구온난화의 원인을 인간의 활동으로 배출된 온실가스 때문이라고 생각합니다. 여기서 인간 활동이란 화석 연료 사용과 관련된 행위를 말합니다. 화석 연료란 땅이나 바다에 묻힌 생물들이 탄화炭化되어 만들어진 연료예요. 탄소를 포함하는 유기물에 열과 압력을 가하면 검은색 물질이 만들어지는데, 이러한 과정을 탄화라고 하죠. 탄화로 만들어지는 대표적인 화석 연료가 바로 석탄과 석유입니다. 탄소는 생물의 몸을 구성하는 주요 성분이니까, 생물이 탄화되어 만들어진 화석 연료 속에도 당연히 탄소가 많이 포함되겠죠?

화석 연료를 태우면 연료 속 탄소가 공기 중의 산소와 결합하여 이산화탄소가 발생합니다. 2018년 국제에너지기구IEA가 발표한

'2018 글로벌에너지&이산화탄소 현황보고서Global Energy&CO₂ Status Report에 따르면, 한 해에 화석 연료 연소로 배출되는 이산화탄소량이 330억 톤을 넘는다고 해요. 인류가 호흡하면서 내보내는 이산화탄소량의 10배 이상이 화석 연료 연소로 발생한다는 말이죠. 이는 대기 중 이산화탄소량 증가의 주요 원인이 화석 연료의 사용에 있음을 의미합니다.

화석 연료를 태우는 주요 산업 분야는 발전, 철강, 화학, 시멘트 등입니다. 각 산업 분야에서 어떻게 이산화탄소를 배출하는지 한번 알아볼까요?

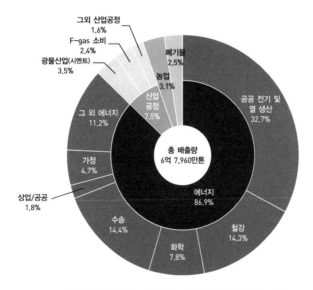

2021년도 기준 국가 온실가스 배출량 비중(환경부 제공)

보이지 않는 곳에서 돌고 도는, 이산화탄소 추적하기

전기의 숨은 얼굴, 석탄화력발전

2021년 기준 우리나라 온실가스 배출량을 보면 이산화탄소를 가장 많이 배출한 산업 분야는 발전, 즉 에너지 관련 분야입니다. 그중에서도 이산화탄소를 가장 많이 배출한 곳은 석탄화력발전소이고요. 2019년 기준 총발전량에서 석탄화력발전이 차지하는 비율은 51%에 달했어요. 우리나라에서는 현재 13개 부지에 총 61기의 석탄화력발전기가 운전 중입니다.

석탄화력발전소에서는 왜 이산화탄소가 많이 발생할까요? 답은 석탄화력발전소의 발전 방식에 있습니다. 석탄화력발전소에서는 화석 원료를 연소했을 때 나오는 열에너지를 이용해 물을 끓여 증기를 만든 다음, 그 증기로 터빈을 회전시켜 전기를 얻습니다. 전기를 얻기 위해 석탄을 연소하는 과정에서 석탄 속 탄소가 산소와 결합하여 이산화탄소가 생성되는 거죠. 석탄 질량의 83% 이상을 탄소가 차지하거든요.

석탄 한 분자를 태우면 이산화탄소는 얼마나 생성될까요? 예를 들어 화학식이 $C_{135}H_{96}O_9NS$인 석탄이 있다고 생각해보세요. 이 석탄 한 분자를 연소하면 이론상 이산화탄소가 135분자 생성되니, 석탄을 연소할 때 얼마나 많은 이산화탄소가 발생하는지 짐작해볼 수 있겠죠?

전형적인 석탄의 분자 구조. 석탄은 생성된 시대에 따라 분자 구조가 다르지만, 석탄 질량 대부분을 차지하는 원소는 탄소이다. 따라서 석탄을 연소하는 과정에서 이산화탄소가 다량으로 발생한다.

석탄화력발전소에서 전기를 얻으면 얻을수록, 그리고 우리가 전기를 많이 사용하면 사용할수록 대기 중으로 방출되는 이산화탄소의 양은 엄청나게 늘어난다고 말할 수 있겠습니다.

편안한 주거와 맞바꾼
이산화탄소

　　에너지 관련 분야 다음으로 이산화탄소를 많이 배출하는 분야는 산업 부문입니다. 그중에서도 철강 산업과 시멘트 산업은 전체 산업 부문에서 내보내는 이산화탄소량의 절반 이상을 대기 중으로 방출합니다.

　먼저 철강 산업 분야를 살펴보죠. 우리나라를 대표하는 제철회사는 포스코입니다. 포스코가 대기 중으로 방출하는 이산화탄소의 양은 어마어마하게 많습니다.

　그렇다면 철을 생산할 때 공기 중으로 이산화탄소가 배출되는 이유는 무엇일까요? 그 답을 찾기 위해 철을 제련하는 과정을 알아봅시다.

환원제의 두 얼굴, 철강과 이산화탄소

철을 함유한 광석을 우리는 철광석Fe_2O_3이라고 부릅니다. 철광석은 대부분 산화된 상태로 존재해요. 즉, 철은 자연 상태에서 산소를 포함합니다. 따라서 순수한 철Fe을 얻으려면 철광석에서 산소를 떼어내야 해요. 어떤 물질이 산소를 잃는 이러한 과정을 '환원'이라고 합니다.

철광석에서 산소를 떼어내려면 철광석을 용광로에 넣고 가열해야 하는데, 이때 철광석을 환원해줄 환원제를 용광로 속에 함께 넣어주어야 합니다. 이때 필요한 환원제는 일산화탄소CO입니다. 그런

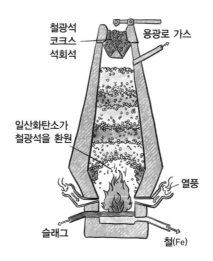

철광석
코크스
석회석
용광로 가스
일산화탄소가
철광석을 환원
열풍
슬래그
철(Fe)

용광로의 구조. 용광로 속에서는 코크스를 가열해 발생한 일산화탄소를 이용해 철광석을 철로 환원한다.

보이지 않는 곳에서 돌고 도는, 이산화탄소 추적하기

데 일산화탄소를 용광로 속에 직접 넣어줄 수는 없으니, 대신 일산화탄소를 만들 수 있는 재료를 넣어줘야 하겠죠? 일산화탄소를 만드는 데 필요한 재료는 코크스cokes입니다. 코크스는 석탄을 고온으로 가열해 탄소 함량을 최대한 높인 물질이에요. 거의 탄소 덩어리인 셈이죠.

자, 이제 용광로 속에 철광석과 코크스를 함께 넣고 가열해볼까요? 용광로 속에서는 산화 반응과 환원 반응이 모두 일어납니다. 아래 그림에서 볼 수 있는 것처럼, 먼저 코크스는 산소를 얻어 일산화탄소가 됩니다. 이 일산화탄소가 철광석에서 산소를 떼어오면, 산소를 잃은 철광석은 순수한 철로 환원되죠. 반대로 일산화탄소는 철광석에서 떼어온 산소를 얻어 산화되면서 이산화탄소로 변합니다.

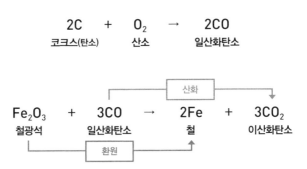

코크스가 산화되어 만들어진 일산화탄소는 철광석(산화철)에서 산소를 떼어 이산화탄소로 산화된다. 산소를 잃은 산화철은 철로 환원된다.

결국, 철을 많이 만들면 만들수록 용광로 안에서는 더 많은 이산화탄소가 만들어지고, 만들어진 이산화탄소는 굴뚝을 지나 용광로 밖으로 배출됩니다. 왜 제철 분야가 모든 산업 분야 중에서 이산화탄소를 가장 많이 배출하는지, 이해가 되죠?

그뿐만이 아니에요. 철을 녹일 정도의 온도로 용광로를 가열하려면 무엇이 필요할까요? 바로 석탄과 같은 화석 연료입니다. 결국, 제철소에서는 용광로 안에서뿐만 아니라 밖에서도 어마어마한 양의 이산화탄소를 내뿜는다는 말입니다.

시멘트를 얻기 위해 유지해야 하는 온도

철강 산업과 더불어 이산화탄소를 많이 배출하는 또 다른 산업 분야는 시멘트 제조업입니다. 시멘트 산업은 전 세계 이산화탄소 배출량의 8%를 차지할 만큼 많은 양의 이산화탄소를 배출하지요.

시멘트는 토목이나 건축에서 골재들을 결합하는 접합제로 쓰이는 물질입니다. 우리가 종이를 붙일 때 풀을 사용하는 것처럼, 토목이나 건축에서 재료들을 연결하는 풀로 시멘트를 쓰는 셈이죠. 시멘트는 콘크리트의 주요 성분이기도 합니다.

그렇다면 시멘트를 만들 때 왜 대기 중으로 이산화탄소가 많이 발생할까요? 이를 알아보기 위해 시멘트의 성분과 시멘트를 만드는 방법을 살펴보도록 하죠. 시멘트의 주원료는 석회암$CaCO_3$(탄산칼슘)입니다.* 석회암은 흰색 또는 회백색의 암석이에요.

시멘트를 만들 때는 먼저 석회암을 채취하여 잘게 부순 다음, 점토와 고르게 잘 섞어줍니다. 그다음에는 섞은 것들을 길이가 100미터에 이르는 거대한 원통형 가마에 넣고 1,450도 이상으로 가열합니다. 도자기 굽듯이 말이죠. 용암 온도가 700~1,200도라고 하니, 1,450도가 얼마나 높은 온도인지 실감할 수 있을 거예요.

이 가마 안에서 석회암은 생석회CaO(산화칼슘)와 이산화탄소로 분리됩니다. 생석회는 공 모양의 회색 덩어리로 얻어지는데, 이것을

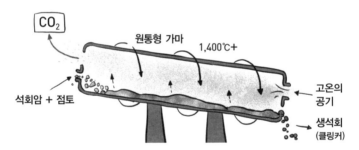

석회암과 점토를 원통형 가마에 넣고 가열하면 생석회 덩어리인 클링커가 만들어지고, 많은 양의 이산화탄소가 대기 중으로 배출된다.

....
*   석회암은 석회석이라고도 한다.

석회암(왼쪽)이 생석회(가운데)를 거쳐 시멘트(오른쪽)로 만들어지는 과정

클링커clinker라고 합니다. 구제역*이라는 전염병이 퍼졌을 때 가축들을 파묻은 다음에 그 위에 하얀 가루를 뿌려주는 장면을 본 적이 있을 거예요. 소독용으로 뿌려준 그 하얀 가루가 바로 생석회입니다. 이 생석회를 석고와 섞은 후 분쇄하여 가루로 만들면 시멘트가 만들어지는 것입니다.

$$CaCO_3 \quad - \quad \text{고온 가열} \quad \rightarrow \quad CaO \quad + \quad CO_2$$

석회암   생석회   (이산화탄소)
(탄산칼슘)   (산화칼슘)

그러니까 시멘트를 만들 때는 크게 두 과정에서 이산화탄소가 발생한다는 사실을 알 수 있어요. 첫째, 석회암을 고온으로 가열하여 생석회를 분리해내는 과정에서 이산화탄소가 다량으로 발생합니다. 시멘트 제조 과정에서 발생하는 이산화탄소의 절반 이상이 바로

---

*   소, 돼지, 양, 염소와 같은 동물의 입과 발굽에 물집이 생기는 질병. 전염성이 높다.

이 과정에서 발생하죠. 둘째, 클링커를 만드는 가마를 1,450도로 유지하려면 많은 연료가 필요합니다. 만약 이 과정에서 석탄을 원료로 사용한다면, 석탄이 연소하면서 많은 이산화탄소를 배출하겠지요. 실제로 인류는 콘크리트 건물에 들어가는 시멘트를 만드는 과정에서 엄청난 양의 석회암을 고온에서 가열했고, 그 과정에서 어마어마한 양의 이산화탄소가 대기 중으로 배출되었습니다.

버릴 때조차 이산화탄소를 내뿜는 플라스틱

철강 산업, 시멘트 산업과 더불어 이산화탄소 배출량이 많은 산업 분야는 석유화학 분야입니다. 1부에서 설명했듯이, 석유화학 산업이란 석유에서 추출한 나프타나 천연가스를 원료로 하여 에틸렌이나 프로필렌 등과 같은 기초 원료를 만들고, 이를 이용해 각종 플라스틱, 합성섬유, 합성고무 등을 제조하는 산업 분야입니다.

　플라스틱은 생산하고 가공하고 폐기하는 모든 단계에서 이산화탄소를 배출합니다. 먼저 플라스틱 제조 과정을 살펴볼까요? 플라스틱의 원료가 되는 나프타를 생산하려면 원유를 370도 이상으로 가열하는 과정이 필요합니다. 또 플라스틱 단위체(모노머)인 에틸렌과 프로필렌을 얻기 위해서는 나프타를 고온에서 분해하여 에테인과 프로페인을 얻은 후, 이 물질들을 다시 고온에서 가열해야 하지요. 한마디로 플라스틱을 만드는 데에는 열에너지가 엄청나게 많이 필요합니다. 필요한 에너지를 얻으려면 화석 연료를 연소해야 하니까 그 과정에서 엄청난 이산화탄소가 발생하여 대기 중으로 방출될 수밖에 없겠죠.

다음으로, 플라스틱을 가공하여 제품을 생산하는 단계에서도 많은 양의 이산화탄소가 발생합니다. 플라스틱 제조 공장에서는 생산한 플라스틱을 펠렛pellet이라는 알갱이로 만들어 제품 생산 공장으로 보냅니다. 그러면 플라스틱 제품 생산 공장에서는 펠렛을 녹인 후 틀에 넣어 쓰레기봉투를 만들기도 하고, 컵을 만들기도 하며, 자동차 타이어를 만들기도 하지요. 이 과정에서 공장에 전력을 공급하는 데 화석 연료가 많이 사용되기 때문에, 대기 중으로 이산화탄소가 다량 배출됩니다.

마지막으로 다 쓴 플라스틱을 폐기할 때도 이산화탄소가 발생합니다. 플라스틱은 기본적으로 탄소로 이루어진 물질이에요. 따라서 플라스틱을 태우면 플라스틱을 구성하던 탄소가 이산화탄소의 형태로 대기 중으로 방출되지요. 폴리에틸렌을 예로 들어볼까요? 폴리에틸렌의 단위체인 에틸렌의 화학식은 C_2H_4예요. 따라서 폴리에틸렌 한 분자를 소각하면 물 두 분자와 이산화탄소 두 분자가 생성되어 공기 중으로 배출됩니다. 폴리에틸렌은 에틸렌 분자 수천에서 수

십만 개가 중합되어 만들어진 플라스틱이니, 폴리에틸렌 한 분자를 태우면 엄청난 양의 이산화탄소가 공기 중으로 배출되겠죠.

$$C_2H_4 \quad + \quad 3O_2 \quad \rightarrow \quad 2CO_2 \quad + \quad 2H_2O$$
에틸렌 　　　　 산소 　　　 이산화탄소 　　　 물

또 다른 예를 하나만 더 들어볼까요? 페트는 단위체인 에틸렌테레프탈레이트 분자가 모여서 만들어진 플라스틱입니다. 페트는 탄소, 수소, 산소로 이루어져 있어요. 에틸렌테레프탈레이트를 태우는 과정을 화학반응식으로 나타내면 다음과 같습니다.

$$C_{10}H_8O_4 \quad + \quad 10O_2 \quad \rightarrow \quad 10CO_2 \quad + \quad 4H_2O$$
에틸렌 　　　　 산소 　　　 이산화탄소 　　　 물
테레프탈레이트

이처럼 폐기하는 과정에서 플라스틱을 소각하게 되면, 대기 중으로 아주 많은 양의 이산화탄소가 배출됩니다.

지금까지 살펴본 것처럼 석탄화력발전, 철강 산업과 시멘트 산업, 그리고 플라스틱의 제조·가공·폐기 과정은 대기에 이산화탄소를 다량 배출하고, 인류가 배출한 이러한 이산화탄소는 지구온난화의 주범으로 여겨집니다.

5장

대기의 이산화탄소, 토양에 스며들다

복사평형이 깨진
지구의 운명은?

현재 전 세계적으로 가장 주목받는 단어는 '기후변화'가 아닐까요? 주목을 받는다는 말은 기후변화를 둘러싼 논쟁이 그만큼 활발하다는 의미겠죠. 논쟁의 핵심에 있는 기후변화의 결정적 요인은 다름 아닌 인간 활동입니다.

지구는 태양복사에너지를 끊임없이 흡수하지만, 그렇다고 해서 온도가 계속 올라가지는 않아요. 흡수한 태양에너지의 양과 같은 양의 에너지를 밖으로 내보내기 때문이지요. 지구는 흡수한 태양에너지를 복사radiant의 형태로 다시 밖으로 방출하는데, 이를 지구복사에너지라고 합니다. 이렇게 물체가 흡수하는 복사에너지의 양과 방출하는 복사에너지의 양이 같아서 온도가 일정하게 유지되는 상태를 '복사평형'이라고 해요.

이 과정에서 지구의 대기층은 지구의 평균 온도를 적당하게 유지하는 역할을 합니다. 지구에 도달하는 태양복사에너지는 파장이 짧

아서 지구의 대기층을 쉽게 통과할 수 있어요. 대기에 흡수되지 않고 지표면까지 도달할 수 있다는 말이지요. 반면 지구에서 방출하는 지구복사에너지는 대부분 파장이 긴 적외선이에요. 따라서 지구가 방출하는 적외선은 대기를 구성하는 기체들에 쉽게 흡수됩니다. 대기층은 지구에서 방출하는 지구복사에너지를 흡수하여 저장했다가 지구 표면으로 재방출하죠. 그 결과 지표와 대기의 온도가 사람이 살기에 적당한 정도로 유지됩니다. 이를 온실효과greenhouse effect라고 해요.

대기의 기체에도 균형이 필요해

문제는 온실효과를 일으키는 기체들이 대기 중에 지나치게 많을 때 생깁니다. 온실효과를 일으키는 기체는 수증기, 이산화탄소, 메테인 CH_4, 아산화질소N_2O 등으로, 이들을 온실가스 또는 온실기체라고 합니다. 이들 기체 중 지구복사에너지 대부분을 흡수하는 기체는 수증기(60%)와 이산화탄소(25%)예요.

지구 대기 중에 수증기나 이산화탄소의 양이 증가하면, 지구가 방출하는 지구복사에너지가 이들 기체에 더 많이 흡수되므로, 복사평형은 깨지고 지구의 온도는 과도하게 올라갑니다. 온실효과가 과도

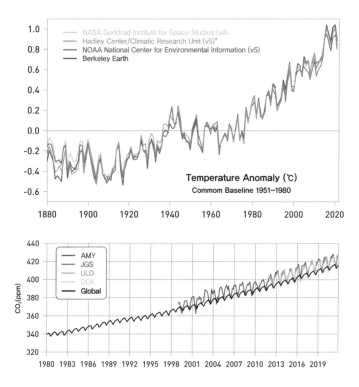

(위) 지난 140년 동안 지구의 평균 기온 변화. 기온이 점차 올라감을 알 수 있다.
(아래) 2021년 기상청이 발표한 연도별 이산화탄소 농도 변화 곡선. 이 두 그림을 통해 이산화탄소의 양 증가와 기온 변화 사이에 뚜렷한 상관관계가 있음을 볼 수 있다.

하게 나타나 지표면 부근 기온과 바닷물 온도가 상승하는 이런 현상을 지구온난화global warming라고 합니다.

인간에 의해 발생한 온실가스 중 대부분을 차지하는 기체는 화석 연료 연소로 배출되는 이산화탄소입니다. 2018년 세계 이산화탄소

총배출량은 전체 온실가스 총배출량의 91.4%를 차지할 정도였어요. 이산화탄소 각각의 분자는 열에너지를 많이 저장하지 못하지만, 이산화탄소가 대기 중에 차지하는 양이 다른 온실가스들보다 훨씬 많아져서 지구온난화에 큰 영향을 끼칠 수 있는 거죠.

대기 중 이산화탄소 양이 증가해 지구가 온난화되면 어떤 문제가 생길까요? 대표적인 문제 몇 가지만 알아보도록 합시다.

지구온난화가 불러온 지구의 변화

영구동토 | 영구동토永久凍土, permafrost란 온도가 2년 이상 0도 이하로 유지된 토양을 말합니다. 말 그대로 여름에도 녹지 않는 땅이죠. 북극, 캐나다, 미국 알래스카, 시베리아 등에 분포하는 영구동토의 면적은 지구 전체 표면의 14% 정도에 해당합니다.

영구동토 속에는 오래전에 묻힌 동물 사체, 식물 뿌리, 미생물 등이 묻혀 있습니다. 생물체의 몸에서 탄소가 차지하는 비율이 물 다음으로 높으니까, 영구동토는 엄청난 탄소 저장소라고 할 수 있어요. 과학자들은 영구동토 속에 저장된 이산화탄소량이 대기 중 이산화탄소 총량의 두 배에 달할 것으로 예상합니다. 문제는 지구가 온난화하면서 이 영구동토가 녹고 있다는 사실입니다. 영구동토가 녹으면 어떤 문제가 생길까요?

먼저 그동안 영구동토 속에 안전하게 묶여 있던 이산화탄소와 메테인 등이 대기 중으로 방출됩니다. 이산화탄소는 앞에서 알아보았으니, 메테인이 대기 중으로 방출되면 어떤 일이 생기는지

영구동토층에 생긴 열카르스트들. 지구온난화로 영구동토층이 녹으며 지반이 붕괴하여 생긴 호수들이다.

알아볼까요? 메테인은 천연가스의 주성분입니다. 여러분이 가정에서 사용하는 도시가스의 주성분이 바로 메테인이죠. 대기 중에서 메테인이 차지하는 양은 이산화탄소보다 훨씬 적지만, 지구온난화지수* 는 이산화탄소의 80배 이상이라고 합니다. 그러니 메테인을 지구의 시한폭탄이라고 부르는 것도 이상한 일은 아니죠.

둘째, 영구동토 온도가 0도 이하일 때는 활동하지 못했던 미생물들이 활동을 시작합니다. 미생물들이 호흡하면서 지층 속의 탄소 화합물들을 분해하면, 더 많은 이산화탄소와 메테인이 생성되어 대기 중으로 배출될 거예요.

셋째, 영구동토가 녹으면 지반이 순식간에 꺼지면서 물이 고입니

----
* 　지구온난화지수는 이산화탄소를 기준으로 온실가스가 지구복사에너지를 흡수하는 상대적 세기를 나타내는 지표로, 각각의 온실가스가 지구온난화에 기여하는 정도를 나타낸다.

보이지 않는 곳에서 돌고 도는, 이산화탄소 추적하기

다. 이러한 지형을 열카르스트thermokarst 지형이라고 해요. 열카르스트 호수가 생기면 호수 아래쪽 영구동토가 더 빨리 녹으면서 온실가스가 더 많이 배출될 수 있어요. 결국, 지구온난화로 온실가스 배출은 더 활발해지고, 배출된 온실가스가 다시 지구온난화를 가속하는 악순환에 빠지게 됩니다.

건조화와 사막화 | 건조화란 대기나 토양 등이 점점 건조해지는 현상을 말합니다. 습도가 점점 낮아진다는 뜻이죠. 지구온난화와 습도는 어떤 관계가 있을까요?

$$\text{상대습도}(\%) = \frac{\text{현재 공기 중의 실제 수증기량}}{\text{현재 기온의 포화수증기량}} \times 100$$

대기 중에 포함된 수증기의 양을 뜻하는 습도에는 절대습도와 상대습도가 있습니다. 절대습도는 공기 1세제곱미터 중에 포함된 수증기의 절대량을 말해요. 반면 상대습도는 특정 온도에서 공기가 최대로 포함할 수 있는 수증기량(즉, 포화수증기량)과 비교했을 때, 실제로 공기 중에 포함되어 있는 수증기량을 상대적으로 나타낸 수치입니다. 보통 우리가 습도라고 했을 때는 상대습도를 의미하죠.

과학자들은 지구가 온난화되면 대기가 점점 더 건조하게 변한다고 말합니다. 구체적으로 서울을 예로 들어볼까요? 서울의 평균 기온 변

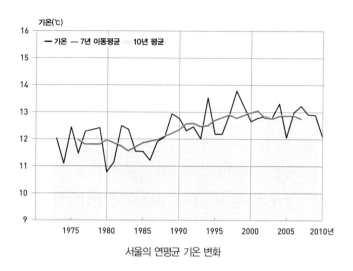

서울의 연평균 기온 변화

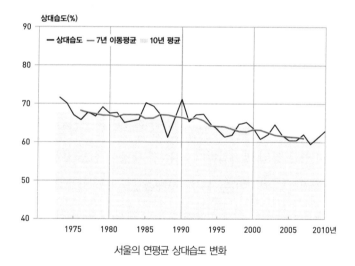

서울의 연평균 상대습도 변화

기상청에서 발표한 1973~2010년 사이 서울의 평균 기온 변화(위)와 상대습도 변화(아래).
평균 기온은 점차 높아지고, 상대습도는 점차 낮아지는 것을 볼 수 있다.

보이지 않는 곳에서 돌고 도는, 이산화탄소 추적하기

화를 살펴보면, 1911~1920년의 평균 기온은 10.7도, 2001~2010년의 평균 기온은 12.8도로, 100여 년 동안 기온이 2.1도 상승했음을 알 수 있어요. 반면 서울의 평균 상대습도는 1920년에는 72.3%였으나, 1981~2010년 사이에는 64.4%로, 1년에 0.299%씩 낮아졌습니다.

이러한 상황이 한반도에만 국한된 것은 아니에요. 영국 기상청이 발표한 자료에 따르면 지난 40년 동안 전 세계적으로 기온은 높아진 데 반해 상대습도는 점차 감소했거든요.

반면, 지난 40년 동안 세계적으로 절대습도는 오히려 증가했습니다. 절대습도가 높아졌다는 것은 공기 중의 수증기량 자체는 점차 증가했다는 말이에요. 이는 대륙과 바다의 수증기 증발량은 오히려 더 많아졌음을 의미합니다.

절대습도는 높아지고 상대습도는 낮아진 현상을 어떻게 설명할 수 있을까요? 기온이 올라가면 공기 중에 최대로 포함될 수 있는 수증기의 양은 점점 많아집니다. 이는 공기 중에 현재 포함된 수증기량이 같더라도 기온이 높아지면 상대습도는 낮아짐을 뜻합니다. 겨울에 보일러를 틀어 방을 따뜻하게 하면 왠지 방 안이 건조해졌다고 느끼지 않나요? 또는 겨울철에 따뜻한 실내에 빨래를 널어놓으면 빨래가 잘 마르지 않나요? 지구의 대기에도 똑같은 원리가 적용됩니다. 수증기의 절대량이 증가하더라도 기온이 더 빠른 속도로 상승하면 상대습도는 낮아질 수밖에 없습니다. 즉, 현재 지구 건조화의 가장 큰 원인은 지구온난화라고 할 수 있습니다.

건조하게 변한 대기는 식물에 큰 영향을 미칩니다. 건조한 상태가 계속되면 식물은 체내 수분이 밖으로 증발하지 못하도록 기공을 닫아버립니다. 문제는 광합성에 필요한 재료인 이산화탄소가 식물체 내로 들어오는 통로 역시 기공이라는 점이에요. 지구온난화로 대기가 건조해지면 식물이 광합성으로 온실가스의 양을 줄일 기회가 점점 없어지게 되는 것입니다.

대기가 계속 더 건조해지면 사막화가 진행됩니다. 사막화가 진행될수록 점점 더 많은 토지가 황폐하게 변할 거에요. 유엔의 3대 환경협약이 기후변화협약, 생물다양성협약, 그리고 사막화방지협약일만큼 사막화는 전 지구적으로 심각한 문제로 인식됩니다. 온실가스로 인한 지구온난화가 건조화 및 사막화를 촉진하고, 건조화와 사막화가 다시 기후변화를 가속하는 사이클은 현재에도 여전히 진행 중입니다.

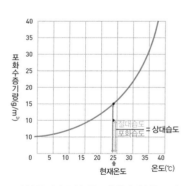

포화수증기량 곡선. 온도가 올라갈수록 공기 1㎥ 안에 최대로 들어갈 수 있는 수증기의 양(포화수증기량)은 증가한다. 이는 공기 중에 포함된 수증기량이 같아도, 온도가 올라가면 상대습도는 더 낮아진다는 뜻이다.

보이지 않는 곳에서 돌고 도는, 이산화탄소 추적하기

해수면 상승 | 해수면 상승은 말 그대로 해수면의 높이가 상승하는 현상입니다. 해수면 상승으로 인도양 중북부에 있는 섬나라 몰디브, 태평양 적도 부근의 섬나라 투발루가 사라질 위기에 처했으며, 방글라데시와 같은 저지대 국가 역시 큰 위험에 처했다는 뉴스를 본 적이 있을 거예요.

지구온난화가 빙하와 해수면 상승에 미치는 영향은 무엇일까요? 해수면 상승과 직접적인 관련이 있는 빙하는 남극과 그린란드의 대륙 빙하입니다. 남극과 그린란드의 대륙 빙하는 지구 전체 빙하의 99%를 차지해요. 지구온난화로 이러한 대륙 빙하가 녹으면서 해수면은 매년 4밀리미터씩 상승해왔습니다. 한반도 연안의 해수면도 지난 30년간 평균 매년 3.12밀리미터씩 높아졌다고 해요. 빙하가 녹은 물이 바다로 흘러들어 바닷물의 양이 늘어났기 때문이지요. 과학자들은 만약 남극의 빙하가 모두 녹는다면 해수면이 현재보다 60미터 이상 높아질 것으로 예측합니다.

사실 빙하의 해빙보다 해수면 상승에 더 결정적인 영향을 끼치는 요인은 지구온난화에 따른 해

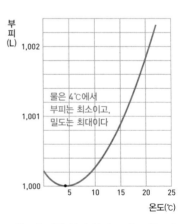

온도에 따른 물의 부피 그래프. 온도가 올라갈수록 부피가 증가한다.

수의 열팽창ocean thermal expansion입니다. 액체에 열을 가하면 부피가 증가하는데, 이는 온도가 높아지면 분자 운동이 활발해져서 분자와 분자 사이의 간격이 멀어지기 때문이에요. 옆의 그래프에서 볼 수 있는 것처럼 물의 부피는 4도에서 최소가 되었다가 온도가 올라가면서 점차 증가합니다. 따라서 지구온난화로 기온이 올라가면, 해수의 부피가 점차 증가해 해수면 상승에 속도가 붙는 거죠.

빙하의 해빙과 해수의 열팽창은 밀접하게 연관되어 있어요. 빙하의 해빙은 바닷물의 양을 늘릴 테고, 해수의 열팽창은 증가한 바닷물의 부피를 더욱 팽창할 테니, 해수면 상승의 문제가 심각해질 수밖에 없겠지요.

망가지는 토양,
풀려나는 탄소

지금까지 우리는 대기 중 이산화탄소량 증가로 지구가 온난화되었을 때 나타날 수 있는 몇 가지 현상을 알아보았습니다. 그렇다면 지구온난화, 토양 건조화와 같은 현상은 건강한 토양의 작용에 어떤 영향을 끼칠 수 있을까요?

토양은 지구의 표면을 덮는 흙을 말합니다. 지표면에 노출된 암석이 오랜 시간에 걸쳐 공기와 물에 의해 풍화되면 토양이 되지요. 토양은 대기, 물과 함께 가장 기본적인 지구환경 구성 요소예요. 그렇다면 토양은 어떤 역할을 할까요? 토양이 제 역할을 하지 못할 때 어떤 문제가 발생할까요? 앞 장과 마찬가지로 탄소와 이산화탄소를 중심으로 이에 대한 답을 찾아보겠습니다.

지구에 필수적인 토양의 역할

탄소 저장 | 토양은 탄소를 저장하는 역할을 합니다. 토양에는 대기가 품은 탄소의 3.1배 이상에 해당하는 양의 탄소가 들었다고 해요. 지구의 모든 대기와 나무 속 탄소를 합친 것보다 더 많은 양이 땅속에 들어 있다는 말이죠. 토양이 저장한 탄소를 '토양탄소'라고 합니다.

먼저, 토양은 암석이 풍화되면서 만들어지기 때문에 토양 속에는 암석을 구성하던 다양한 '토양무기탄소(무기물)'가 들어 있어요. 토양무기탄소는 흑연이나 다이아몬드처럼 탄소로만 이루어진 물질로 존재하거나 방해석, 백운석(돌로마이트), 석고와 같은 탄산염*의 형태로 존재하죠.

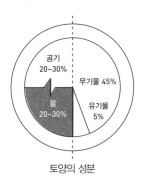

토양의 성분

토양 속에는 암석의 풍화 산물뿐만 아니라 각종 동식물(의 사체)에서 나온 유기물, 즉 탄소 화합물도 들어 있습니다. 이러한 탄소 화합물 속에 들어 있는 탄소를 '토양유기탄소'라고 합니다.

토양유기탄소의 원료가 동식물이라면, 우리는 또 다른 질문을 던져볼 수 있습니다. 동식물은 몸속에 어떻게 탄소를 저장할 수 있었

---

*   탄산염은 탄산 H_2CO_3의 수소 원자가 금속 원자로 바뀌면서 만들어진 화합물을 말한다. 탄산칼슘 $CaCO_3$, 탄산칼륨 K_2CO_3, 탄산나트륨 Na_2CO_3 등이 이에 속한다.

을까요? 그 답은 광합성입니다. 식물은 광합성으로 대기 중의 이산화탄소를 유기물의 형태로 바꾸어 몸속에 저장합니다. 광합성은 대기 중의 이산화탄소를 식물체 내에 고정하는 과정인 거죠. 따라서 광합성은 화석 연료의 사용으로 증가한 대기 중 이산화탄소의 양을 줄이는 데 매우 중요한 역할을 합니다. 지구 대기 중에 존재하는 이산화탄소의 15%는 광합성을 통해 이동하죠. 몸속에 탄소를 저장한 동식물이 죽어 사체가 땅에 묻히면 대기 중 이산화탄소는 최종적으로 토양유기탄소의 형태로 토양에 저장됩니다.

$$6CO_2 \ + \ 6H_2O \ + \ 에너지 \ \overset{광합성}{\underset{호흡}{\rightleftarrows}} \ C_6H_{12}O_6 \ + \ 6O_2$$
유기물(포도당)

광합성을 통해 대기 중 탄소는 토양유기탄소로 저장되고, 반대로 토양 속 탄소는 호흡의 과정에서 이산화탄소의 형태로 대기 중으로 방출된다.

이산화탄소 배출 | 반대로, 토양은 이산화탄소를 대기 중으로 배출하는 역할도 합니다. 토양은 생물의 유기물을 저장하는 장소일 뿐만 아니라, 분해하는 장소이기도 하기 때문이죠.

생물을 분해하는 일은 토양 속 미생물이 담당합니다. 미생물은 바이러스, 세균, 원생동물原生動物, 균류菌類, 선충류(線蟲類) 등을 말해요. 과학자들은 미생물의 종류가 1조 개가 넘으며 식물이 자라는 토양

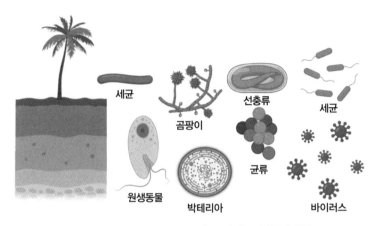

토양 속에서 유기물(토양유기탄소)을 분해하는 미생물의 종류

1그램에 1만 종 넘는 미생물이 산다고 말합니다. 미생물은 지구 생물 총량의 60%를 차지해요.

이들 미생물의 호흡은 동식물의 사체 속 유기물(토양유기탄소)을 무기물로 분해하는 역할을 합니다. 유기물 분해 결과 미생물의 생활에 필요한 에너지와 이산화탄소가 발생하고, 이산화탄소는 대기 중으로 되돌아갑니다.

수분 저장 기능 | 토양의 또 다른 중요한 기능은 수분 저장입니다. 토양은 비나 눈이 오면 수분을 흡수해 저장합니다. 토양이 수분을 보유할 수 있는 이유는 토양 입자와 물 분자 사이에 인력이 작용하기 때문이에요.

토양 속의 물은 어떤 역할을 할까요? 토양 속의 물은 풍화작용을 일으켜 토양을 생성합니다. 또 식물체 내로 흡수되어 식물의 광합성에 이용되기도 합니다.

지구온난화는 토양에도 영향을 미칠까?

앞서 살펴보았듯이 토양은 대기 중 이산화탄소를 저장하는 역할도 하고, 반대로 저장된 탄소를 이산화탄소의 형태로 바꾸어 다시 대기 중으로 방출하는 역할도 합니다. 중요한 것은 두 과정 사이에 균형을 유지하는 일입니다. 상반되는 이 두 과정이 균형을 이룰 때 토양 생태계가 건강하다고 할 수 있어요. 반대로 이 두 과정 사이의 균형이 깨졌을 때 우리는 토양이 오염되었다고 말합니다. 그렇다면 이산화탄소 저장과 배출 사이의 균형을 깨뜨리는 원인은 무엇일까요?

토양의 무분별한 이용 | 산업화 이전과 비교했을 때, 대기 중 이산화탄소 농도는 278.0ppm*에서 413.2ppm으로 약 50%나 증가했습니다. 가장 큰 원인은 화석 연료의 연소입니다. 이산화탄소 총중가량의 3분

....
*   100만분의 1을 나타내는 단위로, % 농도에 10,000을 곱해주는 것과 같다.

의 2가 화석 연료를 태워서 발생한 것이죠. 이산화탄소 증가량의 나머지 3분의 1은 토양 속에 저장되었던 토양유기탄소가 빠져나가면서 발생한 것입니다.

토양유기탄소의 감소는 토양 속에 머물던 토양유기탄소가 이산화탄소로 전환된 후 대기 중으로 방출되었음을 의미합니다. 그 원인은 삼림 벌채나 농경지 확대 등에서 찾을 수 있어요. 최근의 연구에 따르면 자연 토양이 농경지로 전환될 경우 온대 지역에서는 60%, 열대 지역에서는 75%까지 토양유기탄소가 줄어들 수 있다고 합니다.

과학자들은 열대우림의 개간으로 숲이 흡수하는 이산화탄소보다 방출하는 이산화탄소의 양이 더 많아질지도 모른다고 예측한다.

보이지 않는 곳에서 돌고 도는, 이산화탄소 추적하기

실제로 1860년 이후 토양은 대기 중으로 이산화탄소를 공급하는 역할을 해왔습니다. 땅속 깊이 묻혀 있던 탄소들이 빠른 속도로 공기 중으로 배출되면서 온실가스의 양은 점점 증가했어요. 산업혁명 이후 150년간 농지 개간 및 경작으로 전 세계의 토양에서 136기가톤Gt의 탄소가 대기 중으로 배출되었다고 해요. 이는 산업혁명 이전 7,800년간 자연적으로 토양을 빠져나온 탄소량의 42.5%에 해당하는 양이라고 합니다.

과학자들은 지금까지는 토양이 탄소의 흡수원 구실을 했지만, 기후변화 및 토양의 무분별한 이용으로 앞으로 토양이 더 훼손된다면 토양은 탄소 배출원으로 바뀔 것이라고 말합니다. 토양에서 배출된 이산화탄소는 지구온난화를 촉진할 테고, 지구온난화는 다시 토양의 생태에 좋지 않은 영향을 끼치게 되겠지요.

지구온난화에 따른 광합성 속도 불균형 | 대기 중 이산화탄소량 증가와 지구온난화는 토양탄소의 양에 큰 영향을 끼칩니다. 그런데 혹시 '식물의 광합성에는 이산화탄소가 필요하니까, 대기 중에 이산화탄소가 많아지면 더 좋은 게 아닌가?'라는 생각이 들지는 않나요? 물론 대기 중 이산화탄소의 양이 늘어나면 식물이 광합성을 통해 더 많은 탄소를 고정할 수 있으므로 생물량은 늘어납니다. 하지만 생물량이 늘어나면 그만큼 호흡량도 증가하겠지요. 호흡량이 증가하면

미생물이 토양유기탄소를 분해하는 속도가 빨라져서, 토양 속 탄소 손실도 증가하게 됩니다.

만약 지구가 온난화되면 광합성 속도는 어떻게 될까요? 날씨가 추운 지역에서는 광합성 속도가 분해 속도보다 빨라서 토양유기탄소의 양이 증가합니다. 하지만 기온이 올라가면 토양유기탄소를 분해하는 속도가 광합성 속도보다 더 빨라집니다. 그러면 오히려 탄소 배출량이 증가하게 되죠. 즉, 기온이 올라가면 토양은 더 많은 이산화탄소를 대기 중으로 내보내고, 이는 다시 기온 상승으로 이어집니다.

지구의 기온 상승에 따른 토양의 건조화 역시 토양유기탄소의 손실로 이어집니다. 토양이 건조화되었다는 것은 광합성에 필요한 물의 양이 부족해졌다는 뜻이에요. 광합성에는 물이 꼭 필요하니, 토양 속 물 부족 현상은 광합성 속도 감소로 이어집니다. 광합성 속도가 줄어들면 토양 속 유기탄소의 양은 더 줄어들게 되겠지요.

이처럼 대기 중에 이산화탄소의 양이 증가하고 지구가 온난화되면 그 결과는 토양유기탄소의 손실에 따른 대기 중 이산화탄소량 증가로 이어집니다. 그렇다면 대기 중 이산화탄소 양을 줄일 방법은 분명해 보입니다. 탄소를 원래 있던 토양 속으로 돌려보내면 되는 거죠. 과학자들은 대기 중 이산화탄소를 토양으로 되돌려 보낼 방법을 계속해서 찾고 있습니다. 우리는 4부에서 그에 대한 하나의 해답을 알아볼 것입니다.

6장

더는 바다에서
헤엄칠 수 없게 된다면?

바다가 대기 중
이산화탄소를 제거하는 시스템

지표면의 70%를 차지하는 바다는 대기 중의 이산화탄소를 제거하는 아주 중요한 장소입니다. 인류가 대기 중으로 배출한 이산화탄소의 약 25% 이상이 바다로 녹아들기 때문이죠.

바닷물에 녹아든 이산화탄소는 두 가지 방식으로 고정됩니다. 첫째, 바닷속 식물성 플랑크톤이 광합성을 하면서 플랑크톤 몸 안에 유기화합물로 고정됩니다. 고정된 이산화탄소는 식물성 플랑크톤을 잡아먹는 동물성 플랑크톤의 몸에 축적되고, 이후 먹이사슬을 거쳐 상위 소비자의 몸으로 이동합니다. 바다 생물이 죽어 땅속 깊은 곳에 묻히면 이들의 몸속에 저장되었던 유기화합물은 석유나 석탄과 같은 화석 연료가 됩니다.

둘째, 바닷물 속에 녹아든 이산화탄소는 석회암과 같은 퇴적암 속에 저장됩니다. 대기 중의 이산화탄소가 물에 녹으면 바닷물의 탄산 이온CO_3^{2-}의 농도가 증가합니다. 탄산 이온은 바닷물에 녹아 있는 칼슘 이온$_{Ca^{2+}}$과 결합해 방해석이나 돌로마이트, 아라고나이트˚와 같은 탄산염을 만들고, 이렇게 형성된 광물이 퇴적되어 굳어지면 석회암과 같은 암석이 되는 거죠.˚˚ 석회암이 시멘트의 재료였던 것, 기억나나요?

또, 껍질을 갖는 동물들의 사체가 석회암을 형성할 수도 있어요. 산호나 조개, 굴, 가재, 바다달팽이, 유공충, 석회비늘편모류˚˚˚, 성게, 해삼, 불가사리 등의 생물은 탄산 이온을 이용해 골격(탄산칼슘)을 만듭니다. 이러한 생물들이 죽으면 그들의 시체는 가라앉아서 해양 퇴적물과 함께 묻히고, 시간이 지나면서 석회암으로 바뀌게 되죠.

위와 같은 두 가지 방식으로 석회암에 이산화탄소가 고정되므로 해양지각 속에는 많은 양의 탄소가 들어 있어요. 그런데 해양지각이 한 장소에만 머물지는 않죠? 바닷속에서 만들어진 해양지각은 대륙 이동과 화산 활동 등을 통해 대륙지각으로 바뀌게 됩니다. 이는 대륙지각 속에도 탄소가 많이 들어 있음을 의미해요. 앞에서 살펴보았던 것처럼, 이 대륙지각이 풍화되면 토양이 되니, 결국 토양에도 많은 탄소가 들어 있는 셈입니다.

....

* 　　산석$_{霰石}$이라고 한다.
** 　지구 대기에 이산화탄소 농도가 가장 높았던 때는 고생대 초기이다. 따라서 고생대 초기에 형성된 지층에는 석회암이 많다. 우리나라 강원도 남부 태백산 지역에 석회암 광산이 많은 이유는 이 지역이 고생대 초기인 캄브리아기 Cambrian period 와 오르도비스기 Ordovician period 에 형성된 지층이기 때문이다.
*** 식물성 플랑크톤의 한 종류로, 탄산칼슘 비늘로 덮여 있다.

실제로 지구 탄소의 99% 이상은 해양지각과 대륙지각 속에 들어있어요. 그리고 지각의 탄소는 대부분 석회암과 같은 퇴적암 속에 들어 있지요. 결국, 석회암은 지구상에서 이산화탄소를 가장 많이 보유하는 이산화탄소 덩어리인 셈입니다.

대기 중 이산화탄소량 증가와
해양 산성화의 관계

해양 산성화는 해수의 수소이온농도pH가 낮아지는 현상입니다. 해수의 평균 pH가 8 이하로 떨어졌을 때 우리는 바다가 산성화되었다고 말합니다. 엄밀하게 말하면 바닷물이 염기성을 덜 띠게 되는데, 편의상 이를 산성화되었다고 부르는 것이죠.[*]

대기 중 이산화탄소량 증가와 해양 산성화는 어떤 관계가 있을까요? 대기 중 이산화탄소는 양이 많아지면, 바닷물에도 더 많이 녹아듭니다. 그래야 대기와 해양 사이의 이산화탄소 농도 평형이 유지되거든요. 이산화탄소는 바닷물에 녹으면 탄산수소 이온HCO_3^{-}[**]과 수소 이온H^{+}을 만들어냅니다. 이산화탄소가 물에 많이 녹으면 녹을수록 수소 이온이 더 많이 생기므로, 바닷물은 점점 더 산성화됩니다.

....
[*]　해수에 녹아 있는 탄산염과 붕산염(탄산염의 5%이하)의 완충 작용 때문에 완전히 산성화하지는 않는다.

[**]　중탄산이라고도 한다.

$$CO_2 + H_2O \rightleftharpoons H_2CO_3 \rightleftharpoons HCO_3^- + H^+ \rightleftharpoons CO_3^{2-} + 2H^+$$

대기 중의 이산화탄소가 바닷물 속에 녹아들면 수소 이온이 만들어진다. 따라서 대기 중 이산화탄소의 양이 증가할수록 해양은 점점 더 산성화된다.

바닷속에 만들어진 수소 이온은 탄산 이온과 결합합니다. 탄산 이온은 해양 생물의 골격 형성에 꼭 필요한 물질인데, 이렇게 중요한 탄산 이온이 해양 생물의 골격을 만드는 데 이용되는 대신 바닷물 속의 수소 이온과 결합해버리는 것이죠. 결국, 바닷물 속에는 탄산 이온이 줄어들게 되고, 골격 형성에 필요한 탄산 이온을 공급받지 못한 해양 생물들은 생장에 어려움을 겪게 됩니다. 만약 산성화가 더 진행되면, 이미 형성된 골격도 바닷물에 녹아버리죠. 이처럼 해양 산성화는 바다에 사는 생물들의 삶에 치명적인 영향을 끼칩니다.

하나둘씩 사라지는 해양 생물들

바닷물의 산성화로 가장 큰 피해를 본 생물은 산호예요. 산호초가 생장하기 위해서는 탄산 이온이 꼭 필요한데, 바닷물 속 탄산 이온이 줄어들면서 산호는 골다공증을 앓고 있습니다. 또 생장과 생식에도 문제가 생겼어요. 많은 지역에서 이미 너무 많은 산호가 사라져

버렸습니다. 산호 이외에도 조개류나 갑각류 등은 껍질이 얇아졌으며, 해양 동물의 먹이가 되는 동물성 플랑크톤들은 생식 기능과 생장 기능이 저하되었어요.

해양 산성화에 따른 산호초 감소는 생물 다양성에도 큰 영향을 미칩니다. 산호초 군락은 다양한 생태계를 형성하기 때문입니다. 열대 해역의 산호초 지역은 해양 어종 약 25%에게 서식처와 먹이를 제공해요. 또 어류의 산란장이나 보육장의 역할도 담당하지요. 산호의 소실은 약 4,000종에 이르는 해양 생물을 위험에 처하게 하고, 이는 곧 해양 생물 다양성 유지에 심각한 문제를 낳습니다.

과학자들은 지구온난화에 따른 수온 상승과 산성화가 동시에 작용한다면, 산호초의 생존을 비롯해 해양 생태계에 더 큰 문제가 생길 것으로 예상합니다. 실제로 지구온난화로 해수의 온도가 상승하면서 산호초가 하얗게 변하는 백화 현상이 지구 곳곳에서 일어났습니다. 원래 산호는 투명한 색입니다. 산호의 알록달록한 색은 산호와 공생하는 갈충조류(황록기생조류)의 색이죠. 갈충조류는 광합성으로 만든 영양소와 산소를 산호에 공급하고, 산호는 갈충조류에게 서식지를 제공하는 방식으로 두 생물은 공생해왔습니다. 그런데 해수의 온도가 올라가면서 갈충조류가 산호를 떠났고 산호는 색을 잃게 되었습니다. 해양 산성화로 골격을 만드는 데 문제가 생긴 산호는 이렇게 에너지원마저 빼앗겼습니다.

또 해양 산성화는 해양 먹이사슬을 교란합니다. 익족류pteropod를 예로 들어보죠. 바다 달팽이와 바다 민달팽이가 속한 크기가 작은 익족류는 많은 해양 동물의 먹이가 됩니다. 그런데 해양이 산성화되면 익족류는 탄산칼슘 껍질을 제대로 형성하지 못합니다. 그 결과 익족류 개체 수는 점점 감소하겠죠. 이는 곧 익족류를 먹이로 하는 청어, 연어, 고래, 바다표범 수의 감소로 이어질 거예요. 결국, 인류의 영양 공급에도 문제가 생길 수밖에 없을 것입니다.

지금까지 우리는 석탄화력발전, 철강, 시멘트, 플라스틱과 같은 산업 부문에서 이산화탄소가 만들어져 대기로 배출되는 과정에서 시작해, 배출된 이산화탄소로 지구가 온난화될 때 나타나는 여러 현상, 그리고 지구온난화가 토양과 바다에 끼치는 영향에 관해 알아보았습니다. 이산화탄소가 지구에 끼치는 영향이 정말 광범위하고 심각하죠? 과학자들은 이산화탄소 배출량을 현격히 줄이지 않으면 이산화탄소가 지구환경에 가한 변화를 되돌리기 어렵다고 말합니다.

그렇다면 지구환경을 되돌린다는 것은 무슨 뜻일까요? 지구환경이 건강하다는 것은 어떤 의미일까요? 우리는 어떤 관점으로 지구환경오염 문제에 접근해야 할까요? 이에 대한 답을 얻기 위해서 지구환경을 '물질 순환'이라는 관점에서 재조명해 볼 필요가 있습니다. 이어지는 3부에서 그 답을 찾아보도록 하겠습니다.

PART 3

물질 순환,

자연에 이미 답이 있다

7장

지구를 시스템이라고
말하는 이유

상호작용하며
균형을 유지한다는 것

1부에서 우리는 우리가 일상에서 매일 만나는 화학물질을 알아보았고, 2부에서는 이산화탄소가 지구의 대기·땅·바다에 어떤 영향을 끼치는지 알아보았습니다. 지구를 둘러싼 화학물질에 관한 지식을 쌓았으니, 3부에서는 시야를 좀 더 확장하여 지구 시스템의 관점으로 환경 문제에 접근해보려고 합니다. 1부와 2부에서 다룬 내용을 물질 순환의 관점에서 바라봄으로써, 환경오염 문제에 접근하는 데 필요한 판단 기준을 만들어보기 위해서입니다. 환경 문제를 해결하는 데에는 현상을 이해하는 과정도 중요하지만, 건강한 환경에 관한 자신만의 사고 틀을 가지는 일도 중요합니다.

시스템(계)이란 "각 구성요소가 일정한 규칙에 따라 상호작용하면서 균형을 유지하는 집합"이라고 정의할 수 있습니다. 예를 들어 은하계는 항성, 성간 물질, 암흑 물질 등이 중력으로 묶여 균형을 유지하는 거대한 집합을 말해요. 태양계는 태양과 태양 주위를 공전하는 여러 천체가 균형을 이루는 집합이지요.

지구는 태양계의 구성요소이면서 동시에 그 자체로 하나의 시스템을 이룹니다. 지구의 구성요소는 지권, 수권, 기권, 생물권, 외권 다섯개로 나뉩니다. 지권은 암석과 토양으로 둘러싸인 지구 표면 및 지구 내부 전체를 말합니다. 수권은 지구상에 물이 존재하는 영역

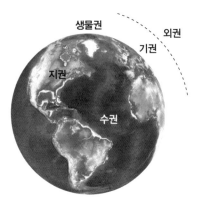

지구 시스템의 구성요소. 지구는 지권, 수권, 기권, 생물권, 외권이 상호작용하며 균형을 유지하는 하나의 시스템이다.

을 의미하고, 기권은 지구를 둘러싸는 공기층을 말합니다. 생물권은 지구상의 모든 생물을 말하는데, 아직 분해되지 않은 유기물도 생물권에 해당합니다. 생물권은 지권, 수권, 기권에 걸쳐 분포하지요. 외권은 기권 바깥쪽 우주 공간을 말하며 태양, 달 등이 여기에 해당합니다.

지구 시스템의 각 구성요소는 끊임없이 상호작용을 합니다. 예를 들어 기권은 생물권의 광합성과 호흡에 필요한 이산화탄소와 산소를 제공합니다. 수권은 기권에 수증기를 공급하는 역할을 하지요. 지권의 암석은 풍화되어 생물이 살아갈 장소를 제공하고 생물에게 필요한 유기물과 무기물을 제공합니다. 이렇듯 각 구성요소가 서로

영향을 주고받기 때문에, 한 구성요소에 변화가 나타나면 다른 구성 요소도 변화하게 됩니다. 이처럼 각 구성요소가 지속해서 상호작용 하므로 지구를 하나의 '시스템'이라고 정의하는 것입니다.

탄소, 지구 모든 곳을 돌아다니다

그렇다면 지구 시스템의 각 구성요소는 어떤 방식으로 상호작용할 까요? 탄소를 예로 들어보죠. 우리가 탄소에 주목하는 이유는 탄소 가 지구 시스템 유지에 결정적인 원소이기 때문입니다. 사실, 우리 의 일상은 탄소에서 시작해 탄소로 끝난다고 해도 과언이 아니에요. 탄소는 지구의 모든 곳에 존재합니다. 탄소는 지각을 구성하는 원소 를 비율로 나타냈을 때 15번째에 위치하고, 전체 무게로 따지면 지 표면 전체 원소의 0.08%에 불과하지만, 탄소가 다른 원소와 결합하 여 만드는 화합물의 수는 나머지 다른 모든 원소로 이루어진 화합물 의 수보다 더 많습니다. 탄소가 만드는 화합물은 무려 5,600만 가지 가 넘어요. 탄소는 단단하게 뭉쳐서 다이아몬드가 되기도 하고, 석 유나 석탄 같은 에너지원이 되기도 하며, 우리 생활에서 널리 쓰이 는 종이의 구성 성분이 되기도 해요. 우리가 입는 옷은 말할 것도 없 죠. 또, 온실효과를 일으키는 이산화탄소도 탄소로 구성되고, 플라스틱도 탄소로 이루어지며, 합성계면활성제에도 탄소가 빠지지 않습니다. 금속이나 유리, 돌 정도를 빼면 우리 눈에 보이는 거의 모든 물질이 탄소로 이루어진 셈이에요. 이는 탄소가 다양한 화합물의 형태로 우리의 일상과 지구 시스템을 지배함을 의미합니다.

지구 시스템에서 탄소는 지권, 기권, 수권, 생물권 모든 곳에 다양한 형태로 존재합니다. 기권에서 탄소는 주로 이산화탄소의 형태로 존재합니다. 지권에서는 석회암이나 화석 연료의 형태로 존재하지요. 수권에서는 물에 녹아 탄산 이온이나 탄산수소 이온의 형태로 존재하거나, 해양 생물의 골격에 탄산칼슘의 형태로 존재합니다. 생물권에서는 포도당$C_6H_{12}O_6$ 또는 생물의 골격 등을 구성하는 탄소 화

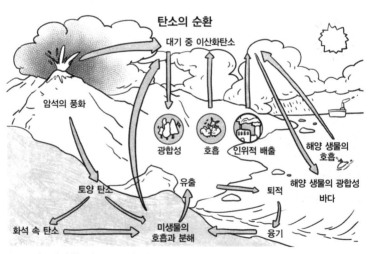

탄소의 순환. 탄소는 다양한 형태로 기권, 수권, 지권, 생물권 사이를 순환한다.

합물의 형태로 존재합니다.

각 권에 있는 탄소는 제자리에 머무르지 않습니다. 탄소는 지구 구성요소들이 상호작용하는 과정에서 각 권 사이를 이동합니다. 예를 들어 기권에 있던 탄소는 수권, 생물권, 지권으로 이동합니다. 하지만 기권에서 다른 권으로 이동했던 탄소는 결국 다시 기권으로 돌아오게 되어 있어요. 마찬가지로 생물권에 있던 탄소는 여러 구성요소를 거쳐 다시 생물권으로 돌아오게 되죠. 이처럼 탄소가 한 구성요소에서 다른 구성요소로 이동하였다가 다시 원래의 구성요소로 돌아오는 과정을 '탄소의 순환'이라고 합니다.

지구 시스템에서 일어나는 탄소의 순환 과정을 조금 더 자세하게 알아보도록 하죠. 탄소의 순환 과정에는 빠르게 일어나는 순환 과정 fast carbon cycle과 느리게 일어나는 순환 과정 slow carbon cycle이 있습니다. 탄소의 순환 중 비교적 빠른 속도로 일어나는 과정은 생물들의 광합성과 호흡을 통해 일어납니다. 기권에 있던 탄소는 육상 식물, 식물성 플랑크톤, 조류의 광합성을 통해 탄소 화합물(유기물)로 고정되고, 이들이 몸에 저장한 탄소 화합물은 먹이사슬을 거쳐 소비자와 분해자의 몸으로 이동합니다. 이렇게 이동한 탄소는 생물들의 호흡 결과 이산화탄소의 형태로 다시 기권으로 돌아가죠.

아주 오랜 시간에 걸쳐 천천히 일어나는 탄소 순환 과정은 어떻게 설명할 수 있을까요? 물에 녹아 있던 탄산 이온이 칼슘 이온과 만나 오랫동안 퇴적되면 석회암으로 고정됩니다. 지권에 고정된 탄소는 지각판이 맨틀로 하강해 지구 내부로 들어가는 과정에서 녹아 마그마가 되지요. 화산이 폭발할 때 마그마에 용해되어 있던 이산화탄소는 휘발되어 다시 기권으로 배출됩니다. 또, 식물의 몸속에 고정되었던 탄소 화합물은 생물이 죽으면 오랜 시간에 걸쳐 석탄이나 석유, 천연가스와 같은 화석 연료로 저장되었다가 연료를 연소할 때 다시 기권으로 돌아갑니다.

지구 시스템은 탄소와 같은 물질의 순환으로 균형을 이룹니다. 그렇다면 우리는 다음과 같은 질문을 던져볼 수 있습니다. 만약 탄소가 순환하지 못한다면, 지구 시스템에서는 어떤 일이 일어날까요? 만약 탄소가 순환하지 못하고 어느 한 곳에 쌓이면, 지구 시스템에는 어떤 변화가 나타날까요?

반대로 생각해볼 수도 있습니다. 지구의 구성요소들이 서로 연결되어 상호작용하는 상태에서, 만약 인체에 해로운 물질이 순환 경로를 따라 이동하면 어떤 일이 일어날까요?

마지막으로 우리는 물질 순환에 관한 가장 중요한 질문을 던져볼 수 있습니다. 바로 '지구 시스템의 물질 순환은 왜, 그리고 어떻게 파괴되는가?'라는 질문입니다.

물질 순환고리는
어떻게 작동해왔을까?

생태계ecosystem란 생물과 비非생물적 환경을 묶어서 부르는 말입니다. 한 생태계 안에서 생물은 다른 생물과 상호작용할 뿐만 아니라 비생물적인 환경과도 서로 영향을 주고받습니다. 자연에는 아주 작은 연못부터 큰 바다에 이르기까지 다양한 크기의 생태계가 존재합니다. 이런 다양한 생태계가 모여 지구를 이루지요. 따라서 지구에서 가장 큰 생태계는 지구에 사는 모든 생물체가 지권, 수권, 대기권, 외권과 영향을 주고받으며 형성한 거대한 시스템, 즉 지구 생태계입니다.

《원은 닫혀야 한다》라는 책을 읽어본 적이 있나요? 이 책은 현대 환경운동의 초석을 놓았다고 평가받는 배리 커머너(1917-2012)가 1971년에 출간한 책입니다. 배리 커머너는 미국의 세포생물학자이자 생태학자이자 정치가예요. 50년 전에 출간되었으니 꽤 오래된 책이지만, 이 책에서 커머너가 보여준 지구 시스템에 관한 생태학적

통찰은 오늘날 우리가 지구 시스템의 물질 순환을 파악하는 데 중요한 틀을 제시합니다.

커머너는 지구의 생태계를 철저하게 원, 즉 순환 개념으로 파악했습니다. 책 제목이 《원은 닫혀야 한다》인 이유를 알겠죠? 그는 지구에 생명이 진화하는 과정에서 물질의 순환고리가 탄생한 사건이 지구 생태계에 결정적으로 중요했다고 생각했어요.

진화의 결정체, 물질 순환

지구에는 어떤 과정을 거쳐 물질 순환고리가 생겨났을까요? 이를 알아보기 위해 생명의 진화 과정을 탄소 중심으로 살펴보겠습니다. 생명체의 대부분을 구성하는 원소는 수소·산소·질소·탄소 네 가지입니다. 원시 지구의 대기 성분도 바로 이 네 원소로 이루어졌어요. 물론 지구의 대기가 처음부터 수소·산소·질소·탄소로 이루어졌던 것은 아니었습니다. 지구가 처음 생겼을 때 대기를 구성하던 1차 원시대기의 성분은 수소와 헬륨이었어요. 이 1차 원시 대기가 강한 태양풍이 불면서 흩어져버렸고, 이후 화산 활동으로 방출된 수증기, 이산화탄소, 질소가 지구 대기를 구성하게 되었죠. 바로 이 대기를 2차원시 대기라고 부릅니다. 2차 원시 대기를 구성하던 수증기가 응결해 구름을 만들고 비를 내리자 원시 바다가 형성되었고, 대기 중 이산화탄소의 상당량이 원시 바다에 녹아들었어요. 과학자들은 바로 이 원시 바다의 열수구*에서 생명체가 처음 탄생했으리라고 생각합니다. 약 38억 년 전에 말이죠.

생명이 진화하는 과정에서 극적인 사건이 여러 번 일어났는데, 그중 하나가 광합성을 하는 생물의 출현이었습니다. 약 30억 년 전에 처음 출현한 광합성 세균cyanobacteria은 바닷물에 풍부하게 녹아 있던 이산화탄소를 생명 활동에 이용했어요. 광합성 세균의 활동 결과 유기물의 양이 증가했고, 바닷물과 대기 속에 산소가 점점 많아졌지요.

생명 진화 과정에서 일어난 또 하나의 극적인 사건은 광합성 세균이 만든 산소를 이용해 유기물을 분해하는 생물이 출현한 일이에요. 우리는 호흡할 때 산소를 이용하는 걸 당연하게 생각하지만, 산소를 이용하지 않고도 유기물을 분해하는 생물은 많이 있습니다. 예를 들어볼까요? 원시 바닷속에는 산소가 없었는데, 원시 바다의 심해 열수구에서 처음 출현한 생물들은 어떻게 호흡했을까요? 바닷물과 대기에 산소량이 증가하기 이전에 살았던 생물들은 산소가 아닌 다른 화학물질을 이용해 호흡했어요. 황산염 같은 물질을 이용한 거죠.

....
* 　마그마의 열을 받아 뜨거워진 바닷물이 솟아오르는 곳을 말한다. 수심 2,500~3,000킬로미터에 위치한다.

산소가 있는 환경에서는 살지 못하는 혐기성 세균은 지금도 우리 몸 곳곳에 살고 있어요. 대표적인 장소가 바로 입안과 장 속이에요.

산소를 이용한 호흡에는 엄청난 이점이 있어요. 산소를 이용하지 않는 경우보다 훨씬 더 많은 에너지를 얻을 수 있지요. 에너지의 측면에서 보면 산소 호흡은 지구 생물 진화의 가장 최적의 결과물이라고 할 수 있을 겁니다.

산소 호흡을 하는 생물이 출현하자 지구에는 마침내 물질의 순환 고리가 형성되었어요. 산소 호흡 생물이 광합성으로 만들어진 유기물을 분해하자 이산화탄소가 발생했고, 그렇게 만들어진 이산화탄소는 다시 광합성의 재료로 이용되었으니까요. 한 과정의 결과물이 그다음 과정의 재료가 되면서 지구에 물질 순환고리가 형성된 거죠.

그런데 한번 형성된 물질 순환고리가 안정적으로 유지되려면 속도의 균형이 갖춰져야 했습니다. 대기 중 이산화탄소가 생물의 몸에 고정되는 속도와 호흡을 통해 다시 대기 중으로 돌아가는 속도가 같아야 탄소가 순환하고 지구 시스템이 건강한 상태를 유지할 수 있을 테니까요. 또, 이산화탄소가 석회암이나 화석 연료 속에 고정되는 속도와 화산 폭발이나 연료 연소 등으로 대기 중에 되돌아가는 속도가 같아야 하겠죠. 탄소가 잘 순환하면 대기 중의 이산화탄소량이 적절하게 조절되니, 온실효과에 따른 지구온난화를 걱정할 필요도 없을 겁니다.

만약 생명이 오랜 진화의 과정을 거쳐 형성한 물질 순환고리가 깨지면 어떻게 될까요? 화석 연료를 과다하게 사용하여 이산화탄소가 대기 중으로 방출되는 속도가 고정되는 속도보다 빠르다면, 이산화탄소량은 증가하고 대기의 균형은 무너집니다. 2부에서 살펴본 것처럼, 그 결과는 지구온난화로 이어질 테고, 지구의 대기, 토양, 바다 생태계에 심각한 문제가 나타날 것이며, 인류는 생존의 위협을 받게 될 거예요. 이렇듯 환경오염이란 생태적 순환고리가 깨진 결과라고 볼 수 있습니다.

물질 순환이 중요한 이유는 물질 순환이야말로 지구에 생물체가 생존할 수 있는 최소한의 안전장치이기 때문입니다. 혈액이 제대로 순환해야 우리 몸이 제대로 작동하는 것처럼 말이죠. 이산화탄소가 물질 순환고리에서 이탈해버린 결과 지구 대기에 어떤 일이 벌어졌는지는 우리 모두가 잘 압니다. 물질 순환고리의 회복은 지구에서 살아가는 우리 자신을 안전하게 지키는 데 꼭 필요한 일입니다.

8장

생태계의 법칙에서
해법을 찾아보자

첫 번째 법칙:
모든 것은 서로 연결되어 있다

그렇다면, 지구 시스템의 물질 순환고리를 되찾기 위해 우리는 무엇을 할 수 있을까요? 배리 커머너가 《원은 닫혀야 한다》에서 제시한 네 가지 생태계 법칙은 오늘날 지구 시스템에서 일어나는 환경오염 문제의 핵심을 파악하고 해결 방향을 찾는 데 유용한 틀을 제공합니다.

그의 네 가지 생태계 법칙은 '첫째, 모든 것은 다른 모든 것과 연결되어 있다', '둘째, 모든 것은 반드시 어딘가로 가게 되어 있다', '셋째, 자연에 맡겨두는 편이 가장 낫다', '넷째, 공짜 점심 따위는 없다'입니다. 이 네 가지 법칙을 하나하나 살펴보면서 오늘날 지구 시스템의 물질 순환고리가 어떻게 파괴되었는지, 그리고 우리는 거기서 어떤 교훈을 얻을 수 있는지 살펴보겠습니다.

연결된 지구, 산성비를 옮기다

지구 시스템의 각 구성요소는 다른 구성요소들과 연결되므로, 하나의 요소에 문제가 생기면 모든 요소에 문제가 발생합니다. 2부에서 우리는 대기에 이산화탄소가 많아져 지구가 온난화되면, 지권과 수권, 즉 토양과 바다에 어떤 현상이 나타나는지 이미 알아보았습니다. 지구 시스템의 기권·지권·수권이 서로 어떻게 연결되는지를 잘 보여주는 또 다른 예는 산성비입니다.

산성비를 만드는 인위적 배출원은 화석 연료입니다. 발전소·공장·자동차 등에서 화석 연료를 태우면, 이산화탄소 이외에 질소산화물$_{NOx}$과 황산화물$_{SOx}$이 대기 중으로 배출됩니다. 바로 이 질소산화물과 황산화물이 산성비의 원인이 되는 물질입니다. 황산화물과 질소산화물이 대기 중에서 물과 반응하여 황산과 질산으로 변화하면 빗물이 산성으로 바뀌기 때문입니다.

$$S + O_2 \rightarrow SO_2 \qquad\qquad N_2 + O_2 \rightarrow 2NO$$
$$2SO_2 + O_2 \rightarrow 2SO_3 \qquad\qquad 2NO + O_2 \rightarrow 2NO_2$$
$$SO_3 + H_2O \rightarrow H_2SO_4 \text{(황산)} \qquad NO_2 + H_2O \rightarrow H_2NO_3 \text{(질산)}$$

황산화물과 질소산화물에서 황산과 질산이 만들어지는 과정. 황산과 질산은 산성비의 원인이 되는 물질이다.

그렇다면 산성비는 지구 시스템에 어떤 영향을 끼칠까요? 산성비는 식물의 양분 이용 능력에 악영향을 끼치고, 미생물의 종 다양성을 해치며, 하천과 호수를 산성화합니다. 또 육지에서 만들어진 산성비는 오염물질 발생원에서 멀리 떨어진 수중 생태계에까지 해를 입힐 수 있습니다.

산성비는 어떻게 이런 피해를 주는 걸까요? 토양 입자 중에서 가장 미세한 입자들은 토양 콜로이드colloid라고 불립니다. 점토 입자나 부식토humus 속의 미립자가 토양 콜로이드에 해당하죠. 지름 0.001밀리미터 이하인 토양 콜로이드는 마이너스 전하를 띱니다. 그러니 토양 콜로이드 주위에는 양이온이 부착되겠죠? 실제로 토양 콜로이드 주변에는 암석이 풍화하는 과정에서 생겨난 칼슘, 마그네슘, 칼륨 같은 금속 양이온들이 부착되어 있습니다. 이들 금속 양이온은 식물의 생장에 꼭 필요한 영양소들이죠.

플러스 전하를 띤 금속 이온과 마이너스 전하를 띤 토양 콜로이드 사이에는 인력이 작용합니다. 따라서 토양 속으로 물이 흘러들어 가도 금속 양이온들은 토양 속에 그대로 남아 있을 수 있어요. 하지만 외부에서 별도의 양이온이 들어오면, 토양 콜로이드에 붙었던 금속 양이온은 자기 자리를 내주고 토양 콜로이드에서 떨어져나가 버립니다.

산성비가 내리면 황산이나 질산 속에 들어 있던 수소 이온이 금속

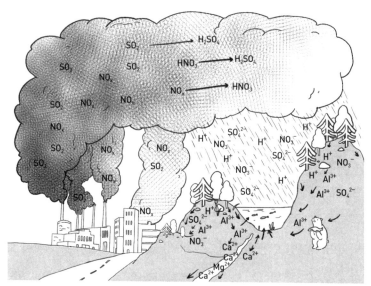

화석 연료를 태울 때 방출되는 황산화물과 질소산화물은 대기의 물과 결합하여 산성비의 원인이 된다. 산성비는 식물의 생장에 필요한 토양 속 금속 양이온을 분리하여 식물 생장이 잘 이루어지지 못하게 한다.

양이온의 자리로 대신 들어갑니다. 그 결과 칼슘·칼륨·마그네슘 이온은 토양 콜로이드에서 떨어져 나와 토양 깊숙한 곳으로 씻겨 내려가지요. 이는 산성비가 내리면 식물들이 생장에 필요한 영양소를 제대로 흡수할 수 없게 됨을 의미합니다.

　더 큰 문제는 토양 속 알루미늄 이온$_{Al^{3+}}$의 유출입니다. 알루미늄은 토양 속에 보통 수산화알루미늄$_{Al(OH)_3}$의 형태로 존재합니다. 수산화알루미늄 형태로 토양 콜로이드에 붙어 있을 때는 물에도 녹지 않고 독성도 띠지 않지요. 하지만 산성비가 내리면, 물에 녹아 알루미늄 이온으로 전환됩니다.

$$2Al(OH)_3 + 3H_2SO_4 \rightarrow Al_2(SO_4)_3 + 6H_2O$$

$$Al_2(SO_4)_3 + 6H_2O \rightarrow 2Al^{3+} + 3SO_4^{2-}$$

토양의 pH가 5 이하로 내려가면, 수산화알루미늄은 산성비 속 황산과 반응하여 황산알루미늄으로 변화하고, 황산알루미늄은 물에 녹아 알루미늄 이온과 황산 이온으로 분리된다.

　　토양의 pH가 5 이하로 내려가면, 수산화알루미늄은 산성비 속 황산과 반응하여 황산알루미늄으로 변화하고, 황산알루미늄은 물에 녹아 알루미늄 이온과 황산 이온으로 분류되는 거죠.

　　물에 녹은 알루미늄 이온은 식물에 독성을 띱니다. 알루미늄 이온이 칼슘과 경쟁하여 식물의 칼슘 흡수를 방해하기 때문이지요. 칼슘은 식물의 세포벽을 튼튼하게 하고, 세포분열을 촉진하며, 단백질 합성에 도움을 주는 등 많은 역할을 하는 물질입니다. 따라서 알루미늄 이온이 많은 곳에서는 식물의 생장이 잘 이루어질 수 없어요.

　　산성비는 토양에만 피해를 주는 것이 아니라 토양과 연결된 하천, 호수, 습지 생태계에도 영향을 줍니다. 산성비에 녹은 알루미늄이 하천과 호수, 습지로 유입되면, 알루미늄이 띠는 독성 때문에 수중 생태계가 교란되고 수중 생물 다양성이 파괴되기 때문입니다.

정리하자면, 인류의 석탄과 석유 사용으로 배출된 황산화물과 질소산화물은 대기를 오염하고, 대기오염은 다시 산성비를 통해 토양 오염으로 이어지며, 토양 오염은 다시 수질 오염을 낳습니다. 이처럼 지구 시스템 안에서는 모든 것이 서로 연결됩니다. 따라서 하나가 무너지면 다른 것들도 무너집니다.

두 번째 법칙:
모든 것은 어딘가로 가게 되어 있다

커머너에 의하면 생태계 순환고리에는 쓸모없는 폐기물이 존재하지 않습니다. 왜냐하면, 생태계에서 자연적으로 만들어진 물질은 모두 분해되고 재활용되기 때문입니다. 따라서 자연에는 쓰레기가 축적될 수 없습니다.

하지만 인류가 인공적으로 만들어낸 화학물질은 자연에서 그냥 없어지기 힘듭니다. 쓸모없어져 내버린 물질도 쉽게 사라지지 않아요. 단지 장소를 옮겨갈 뿐이죠. 현재의 환경 위기는 인류가 만든 막대한 양의 화학물질이 사용되고 버려진 후, 있지 말아야 할 곳에 남게 된 결과라고 할 수 있습니다. 분해되지 못한 채 말이죠. 우리는 그 예를 오늘날 인류의 큰 골칫덩이가 된 플라스틱에서 찾을 수 있어요.

플라스틱이 자연적으로 분해되려면 500년 이상의 시간이 필요하다고 합니다. 그런데 합성 플라스틱은 20세기에 들어서 만들어졌으

하늘에서 내려다보면 깨끗한 푸른 바다로 보이지만, 물속을 들여다보면 많은 쓰레기가 둥둥 떠 있다.

니, 우리가 내다 버린 플라스틱이 자연적으로 분해되기는 멀었겠지요.

우리가 그동안 매일 사용하고 버린 플라스틱은 지금 어디에 가 있을까요? 일부는 바다로 흘러들어 갑니다. 해양으로 유입되는 전체 쓰레기의 대부분을 플라스틱이 차지해요. 전 세계 해안 쓰레기의 약 75%가 플라스틱류라고 하니 정말 골칫덩어리가 아닐 수 없습니다.

보이지 않는 거대한 쓰레기 소용돌이

태평양에는 사람들이 바다에 버렸거나 강을 거쳐 바다로 흘러든 플라스틱 쓰레기들이 모여 만들어진 거대한 쓰레기 더미가 두 군데에 있습니다. 하나는 하와이와 캘리포니아 사이의 바다에 있고, 다른 하나는 일본과 하와이 사이의 바다에 있어요. 이 두 개의 거대한 쓰레기 더미를 태평양 거대 쓰레기 지대GPGP, Great Pacific Garbage Patch

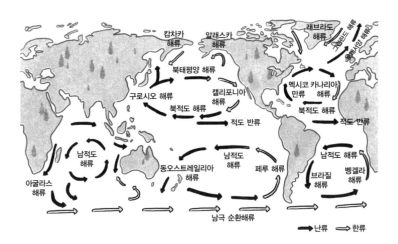

지구 주요 해수의 순환. 해수의 순환은 에너지의 흐름과 함께 일어난다.

라고 합니다. 이 쓰레기 더미의 크기는 대한민국 전체 면적의 16배에 달한다고 해요. 태평양뿐만 아니라 대서양과 인도양에도 쓰레기 섬이 있습니다.

바다 위에 거대한 쓰레기 지대가 생겨난 이유는 무엇일까요? 먼저 전 지구적으로 일어나는 해수 대순환 경로를 살펴볼 필요가 있습니다.

위의 그림에서 볼 수 있는 것처럼 태평양에는 동쪽으로 이동하는 북태평양 해류와 서쪽으로 이동하는 북적도 해류가 있습니다. 서쪽으로 이동하던 북적도 해류가 아시아 대륙에 막히면 북쪽으로 이동하는데, 이를 구로시오 해류라고 합니다. 북태평양 해류는 동쪽으로 이동하다가 북아메리카 대륙에 막혀 남쪽으로 이동하게 되는데, 이 해류를 캘리포니아 해류라고 하지요.

동서 방향으로 이동하는 해류와 남북 방향으로 이동하는 해류가 만나면 시계 방향으로 도는 거대한 순환 해류, 즉 환류gyre가 만들어집니다. 두 해류가 만나는 지점에 거대한 소용돌이가 만들어지는 거죠. 따라서 동아시아에서 바다로 흘러든 쓰레기들은 북태평양 해류를 타고 오랜 시간에 걸쳐 서서히 동쪽으로 이동하다가 하와이와 캘리포니아 사이에 형성된 소용돌이에 갇히게 됩니다. 또 로스앤젤레스에서 버린 물병은 북적도 해류를 타고 서쪽으로 이동하다가 일본과 하와이 사이에 형성된 소용돌이에 갇히게 되지요. 이러한 소용돌이에 점점 더 많은 쓰레기가 모여들어 거대한 쓰레기 섬이 만들어지는 것입니다. 그래서 태평양 거대 쓰레기 지대를 다른 말로 태평양 쓰레기 소용돌이Pacific trash vortex라고도 불러요.

하지만 오해는 하지 말아야 해요. 쓰레기 지대라고 하면 쓰레기가 엄청나게 쌓인 쓰레기 산을 생각하는 사람이 많겠지만, 태평양 거대 쓰레기 지대는 위성 사진으로도 잘 관측되지 않습니다. 인공위성이나 비행기에서 태평양 거대 쓰레기 지대를 내려다보면 그냥 푸른 바다로 보일 뿐이죠. 태평양 거대 쓰레기 지대가 1997년에야 발견된 이유도 쉽게 관측되지 않기 때문이었어요.

태평양 거대 쓰레기 지대 내에서 발견되는 쓰레기는 대부분 아시아에서 흘러왔다고 합니다. 2017년에 발표된 한 연구에 따르면 매년 강에서 전 세계의 바다로 흘러들어 가는 쓰레기의 대부분이 중국, 태국, 베트남, 필리핀, 인도네시아, 스리랑카에서 버려졌다고 해요. 연구진이 태평양 거대 쓰레기 지대에서 수집한 플라스틱 쓰레기의 원산지 표시 라벨을 조사해봤더니, 일본산이 34%로 가장 많았다고 해요. 또 발견된 쓰레기 중 30%가 일본어로 쓰였고, 그 다음은 중국어(29.8%)였다고 합니다.

과학자들은 현재 태평양 거대 쓰레기 지대에 약 8만 톤의 쓰레기가 떠돈다고 말합니다. 세계에서 가장 큰 비행기의 무게가 300톤이 채 안 된다고 하니, 얼마나 많은 쓰레기가 태평양 거대 쓰레기 지대에 있는지 상상해볼 수 있을 거예요. 또 태평양 거대 쓰레기 지대에 떠다니는 쓰레기는 약 1조 8,000억 개에 이른다고 해요. 1,800,000,000,000개라니! 그중 대부분을 차지하는 해양 쓰레기는 바로 플라스틱입니다. 플라스틱, 즉 폴리에틸렌, 폴리프로필렌, 페트, 스티로폼 조각이 바다를 점령한 셈이죠.

바다로 흘러들어 가는 다양한 종류의 쓰레기 중 플라스틱이 대부분을 차지하는 이유는 두 가지입니다. 하나는 저렴한 가격과 좋은 내구성, 제작의 용이성 등으로 플라스틱의 제작량과 사용량 자체가 워낙 많기 때문이에요. 또 다른 이유는 플라스틱은 생분해biodegrade 되기가 어렵기 때문입니다. 생분해란 물질의 순환 과정에서 미생물의 활동으로 유기물이 무기물로 분해되는 현상이에요. 바다로 흘러간 플라스틱은 생분해되지 못한 채 더 작은 조각으로 잘려 해양 생태계에 큰 위협이 됩니다.

미세플라스틱으로 보는 폐기물의 생명력

바닷속 플라스틱들은 잘게 쪼개져서 미세플라스틱micro-plastic 이 됩니다. 미세플라스틱은 길이 0.5센티미터 이하의 작은 플라스틱을 말해요. 육지에서 바다로 흘러든 플라스틱이 자외선, 파도, 염분 등의 영향을 받아 더 작은 조각으로 쪼개지면 미세플라스틱이 됩니다.

태평양 거대 쓰레기 지대의 미세플라스틱 수는 빠른 속도로 늘어가고 있습니다. 사실 태평양 거대 쓰레기 지대의 전체 쓰레기 질량 중 미세플라스틱이 차지하는 비율은 8%에 지나지 않아요. 하지만 그 수는 전체 쓰레기 개수의 94%에 달합니다.

미세플라스틱은 해양 생태계에 치명적인 영향을 미칩니다. 해양 생태계 먹이사슬에서 광합성으로 유기물을 스스로 만드는 생산자는 식물성 플랑크톤과 해조류입니다. 특히 플랑크톤은 해양 생물 중 가장 많은 수를 차지하죠. 그런데 플랑크톤이 차지해야 할 자리를 미세플라스틱이 점령하면 어떤 일이 벌어질까요? 바다 위나 해수면

근처에 있는 미세플라스틱은 식물성 플랑크톤이나 조류의 광합성에 이용되어야 할 햇빛을 차단합니다. 바다의 가장 중요한 생산자인 플랑크톤이나

플라스틱으로 뒤덮인 하와이의 북서쪽 섬과 미세플라스틱을 먹는 새

조류가 광합성을 하지 못하면, 이들의 개체 수는 줄어들게 되겠죠.

플랑크톤이나 조류의 수가 줄어들면, 크게 두 가지 문제가 생길 수 있습니다. 첫째, 바다가 대기 중의 이산화탄소를 흡수하는 능력이 저하됩니다. 광합성 작용이 활발해야 대기 중의 이산화탄소가 잘 흡수될 텐데, 미세플라스틱이 그러한 기능을 방해하는 것이죠. 둘째, 플랑크톤이나 조류를 먹이로 하는 물고기나 거북의 수가 줄어듭니다. 그러면 물고기나 거북을 먹이로 하는 최종 소비자, 즉 참치, 상어, 고래 등의 개체 수도 줄어들겠지요. 이처럼 바닷속 플라스틱은 해양 생태계의 먹이사슬을 교란합니다.

잘게 쪼개진 미세플라스틱은 물고기의 먹이가 되기도 합니다. 아마도 어미 새가 새끼에게 플라스틱을 먹이는 사진이나, 위 속에 플라스틱 조각이 가득 차서 영양실조로 죽은 앨버트로스 사진을 본 적이 있을 거예요. 물고기나 앨버트로스와 같은 생물들은 먹이와 미세플라스틱을 구분하지 못하거든요. 먹이로 착각해 미세플라스틱을

먹어버린 물고기나 새는 소화 기관이 다치거나 소화 용량이 축소되어 결국 영양실조로 죽음에 이릅니다.

　미세플라스틱이 위험한 이유는 또 있어요. 플라스틱이 미세플라스틱으로 쪼개질 때 많은 화학물질이 바다로 유출되기 때문입니다. 반대로 미세플라스틱은 바다를 떠다니는 해로운 화학물질을 흡수할 수도 있어요. 물고기가 화학물질을 흡수한 미세플라스틱을 먹으면, 화학물질 속 유독 성분은 물고기의 근육이나 지방에 축적됩니다. 물고기의 몸에 쌓인 유독 성분은 물고기의 생식, 신진대사, 생장을 방해하고 신장 및 간 기능에 해를 끼치겠지요. 우리가 물고기를 먹으면, 물고기 몸속에 축적된 화학물질이 우리 몸 안에 들어와 물고기가 입은 것과 똑같은 해를 입을 거에요.

　특히 하수관을 따라 바다로 흘러들어 간 담배꽁초나 전자담배 카트리지는 미세플라스틱이 되어 생태계에 큰 영향을 미칩니다. 세계보건기구에 의하면 전 세계에서 가장 많이 버려진 쓰레기 품목 2위가 담배 용품이었다고 해요.* 누군가가 버린 담배꽁초(즉, 미세플라스틱)를 조개류나 어류가 삼키고, 조개류나 어류가 삼킨 미세플라스틱이 다시 우리 몸 안에 들어온다고 생각해보세요. 유쾌하지만은 않은 상상일 것입니다.

....
* 　1위는 일회용 음식 포장재이다.

자연에는 쓰레기가 없지만, 인간이 만들어 쓰고 버린 쓰레기는 사라지지 않고 지구의 어딘가에 가닿습니다. 태평양 거대 쓰레기 지대와 미세플라스틱은, 쓰레기가 내 눈앞에 보이지 않는다고 하여 끝난 것이 결코 아님을 보여줍니다.

물질 순환, 자연에 이미 답이 있다

세 번째 법칙:
자연에 맡겨두는 편이 가장 낫다

      커머너는 생물과 환경의 관계는 오랜 생명의 역사를 거치면서 쌓아온 "연구와 개발"의 결과물이라고 말했습니다. 이게 무슨 말일까요? 오랜 역사를 거치면서 자연은 언제나 가장 좋은 문제 해결 방법을 찾아내왔다는 거예요. 예를 들어 생명체의 진화 과정을 생각해보세요. 긴 지구의 역사 동안 생명체에게는 많은 변이가 나타났어요. 코로나바이러스에 새로운 변이가 계속 생기는 것처럼 말이죠. 생명체에 나타난 변이 중 환경에 적응하지 못한 변이는 도태되고, 생존에 도움이 되는 변이는 살아남아 자손에게 유전됩니다. 오랜 시간 동안 진화의 과정을 거쳐왔기 때문에, 현재 지구상에 존재하는 생명체들은 '최적' 상태에 있는 셈이죠.

  지구 시스템 유지를 위해 자연이 찾아낸 최적의 해법은 바로 물질 순환입니다. 앞에서 설명한 탄소의 순환 과정을 생각해보세요. 우리가 주변에서 볼 수 있는 생물의 몸은 모두 탄소로 구성됩니다. 생물이 에너지원으로 사용하는 탄수화물, 단백질, 지방도 탄소 화합물이죠. 우리가 입는 면 옷감도 자연에서 만들어지는 탄소 화합물이에요. 자연에서 만들어지는 대표적인 탄소 화합물로 석탄과 석유도 있어요.

이러한 탄소 화합물은 분해된 후 이산화탄소의 형태로 대기 중으로 다시 방출됩니다. 지구에서 자연적으로 만들어진 물질은 모두 효소에 의해 분해될 수 있거든요. 자연은 만들어낸 물질을 모두 분해하고, 분해한 산물을 철저하게 재활용함으로써 물질이 순환하도록 합니다.

자정 작용self purification은 물질 순환이 잘 일어나는지를 보여주는 지표 중 하나입니다. 자정 작용은 공기나 물에 들어 있는 오염물질을 자연이 스스로 정화하는 능력을 말합니다. 물이나 대기가 오염물질 처리장의 기능을 수행하는 것이죠. 감기에 걸리면 인체가 스스로 항체를 만들어 몸을 치유하고, 몸에 상처가 나면 새로운 세포를 만들어 피부를 재생하는 것과 비슷한 원리라고 할 수 있어요.

그런데 우리가 매일 만나는 화학물질은 자연을 인위적으로 변화시켜서 만든 것들입니다. 생태계의 세 번째 법칙에 따르면 이러한 화학물질은 지구 시스템 유지에 도움이 되지 않습니다. 우리가 자연 상태에 존재하지 않는 화학물질을 인위적으로 합성해 생태계로 내보내면, 합성된 물질은 분해되지 못하고 어딘가에 남아서 지구 시스템에 부정적인 영향을 끼칠 가능성이 크기 때문이에요. 한마디로 자연은 인류가 인공적으로 만들어낸 물질의 분해와 재활용에 책임을 지지 않는다는 말이죠. 거꾸로 말하면 현재 지구 시스템의 오염문제를 해결하기 위해서는 자연의 재활용 방법에 눈을 돌려야 한다는 말입니다.

지구의 재활용 방법 따라하기

1부에서 알아보았던 합성계면활성제를 예로 들어봅시다. 여러분은 지금 합성세제를 넣어 빨래한 옷을 입고 있을 거예요. 오늘날 대부분의 합성세제에는 석유에서 얻은 합성계면활성제가 들어갑니다.

제1차 세계대전 이후에 처음 사용된 합성세제는 1960년대 중반부터 우리나라에 본격적으로 도입되었어요. 우리나라에 처음 도입된 합성세제는 알킬벤젠술폰산염ABS, Alkylbenzene Sulfonate 이라는 합성계면활성제가 들어간 세제였어요. 이러한 합성세제를 '경성세제'라고 해요. 경성세제는 세탁력은 좋았지만, 플라스틱만큼이나 생분해되기 어려워

$SO_3^- Na^+$

가지형 계면활성제ABS의 구조. 가지형 계면활성제는 구조상 생분해되기 어렵다.

138

심각한 수질 오염 문제를 낳았어요.

과학자들은 경성세제가 물에 잘 분해되지 않는 이유가 알킬벤젠술폰산염의 구조 때문이라는 사실을 알아냈어요. 알킬벤젠술폰산염에서 탄소와 수소로 이루어진 부분이 가지 형태를 띠어서 분해되기 어렵다는 사실을 알아낸 거죠.

경성세제 속 합성계면활성제를 분해할 방법을 연구하던 과학자들의 관심을 끈 것은 비누였어요. 잿물이라는 말을 들어보았나요? 잿물은 말 그대로 재를 헝겊 위에 올려놓은 다음, 그 위에 물을 붓고 헝겊 아래에서 받아낸 물을 말해요. 이 잿물은 수산화나트륨$_{NaOH}$ 성분이 풍부해요. 잿물보다 더 순수한 수산화나트륨 용액은 양잿물이라고 합니다. 잿물 혹은 양잿물을 기름에 넣고 반응을 유도하면 지방이 분해되면서 비누가 만들어집니다. 지방 한 분자에서 비누 세 분자가 만들어지지요. 우리 조상들이 단오 때 창포물에 머리를 감았다는 이야기, 들어본 적 있나요? 콩이나 창포 같은 식물에는 비누 성분이 자연적으로 많이 만들어진답니다.

자연산 비누는 물에 흘려보냈을 때 미생물에 의해 쉽게 분해됩니다. 비누가 물속에서 잘 분해되는 이유는 직선형 구조이기 때문이에요. 경성합성세제의 가지형 구조와 비교하면 직선형은 물에서 훨씬 분해되기 쉬워요.

이를 알게 된 과학자들은 경성합성세제를 비누의 것처럼 직선형

(왼쪽) 비누에 쓰이는 계면활성제의 구조. 비누는 직선형의 계면활성제로, 가지형 합성세제에 비해 분해가 잘 되는 특징이 있다. 생분해가 어려운 가지형을 대신해 1980년대 이후부터는 비누처럼 직선형의 계면활성제(오른쪽)를 만들어 사용한다.

으로 가늘게 늘일 방법을 찾고자 노력했어요. 분해가 잘되는 비누의 구조를 합성세제에 적용하려는 시도였죠. 그 결과 과학자들은 탄소 12~15개가 직선형으로 늘어선 알킬벤젠을 비누화하여 연성세제를 만들어낼 수 있었습니다. 설거지할 때 이용하는 주방 세제가 대표적인 연성세제에요. 가지형 알킬벤젠술폰산염이 직선형 알킬벤젠술폰산염 LAS, Linear Alkylbenzene Sulfonate 으로 대체된 것이죠.

자연에 맡겨두는 편이 가장 낫다는 말은 자연이 제시하는 해결책을 따르는 쪽이 환경오염 문제를 해결하는 가장 효과적인 방법일 수 있음을 의미합니다. 합성세제의 구조를 생분해율을 높이는 방향으로 개발한 역사가 그 증거가 아닐까요?

네 번째 법칙:
공짜 점심 따위는 없다

      이 법칙은 식당에서 점심을 먹었으면 반드시 밥값을 치러야 하는 것처럼, 자연에서 무언가를 얻었다면 그 값을 반드시 치러야 함을 뜻합니다. 만약 돈이 없어서 점심값을 내지 않았다면 나중에라도 꼭 돈을 내야 하는 것처럼, 자연에서 무엇인가를 얻고 대가를 치르지 않았다면 언젠가는 꼭 대가를 치르게 됩니다.

  우리가 사용하는 화석 연료를 생각해봅시다. 화석 연료의 근원은 태양에서 오는 빛에너지입니다. 식물의 광합성은 이러한 빛에너지를 화학에너지로 바꾸지요. 화석 연료는 광합성 결과 만들어진 탄소화합물을 몸속에 저장한 생물의 사체가 굳으면서 만들어지니, 화석 연료 속에도 화학에너지가 들어 있습니다. 화석 연료를 태우면, 우리는 연료 안에 보존되어 있던 화학에너지를 밖으로 꺼내 쓸 수 있습니다. 화학에너지는 열에너지와 빛에너지 형태로 배출되고, 우리는 배출된 에너지를 이용해 철이나 시멘트, 플라스틱을 생산하거나,

자동차나 비행기를 움직이는 일을 하겠지요.

그렇다면 우리가 화석 연료를 사용하고 난 뒤 치러야 할 대가는 무엇일까요? 대가 중 하나는 대기 중 이산화탄소량 증가와 그에 따른 환경오염입니다. 우리는 2부에서 이미 대기 중 이산화탄소량 증가가 지구 시스템에 미치는 영향을 살펴보았습니다.

화석 연료를 사용했을 때 우리가 치러야 할 또 다른 대가는 유용한 화석 연료의 양이 점점 줄어든다는 사실이에요. 우리가 화석 연료를 쓸수록, 점점 더 많은 화석 연료가 쓸모 있는 물질에서 쓸모없는 물질로 바뀝니다. 화석 연료는 열과 빛에너지를 낼 가능성이 있는 물질에서 에너지를 낼 가능성이 없는 물질로 바뀌게 되죠. 이를 물리학적으로 설명하는 개념이 '엔트로피'입니다.

엔트로피로 보는 화석 연료 위기

엔트로피 개념을 처음 도입한 사람은 독일의 물리학자 루돌프 클라우지우스(1822-1888)와 영국의 물리학자 윌리엄 톰슨(1824-1907)이에요. 이들에게 엔트로피 개념은 열에너지가 일로 전환될 가능성을 의미했어요. 즉, 열에너지가 일로 전환되면서 에너지가 낭비되기 때문에 인간이 사용할 수 있는 에너지의 양은 점점 줄어들게 된다는 말이예요. 일을 할 수 있는 에너지를 유용한 에너지, 일하는 데 사용될 수 없는 에너지를 사용 불가능한 에너지라고 했을 때, 엔트로피는 사용할 수 없는 에너지가 점점 늘어나는 현상인 거죠.

이와 달리 오스트리아의 물리학자 루트비히 볼츠만(1844-1906)은 엔트로피 개념을 통계역학으로 정리했어요. 그는 모든 변화는 가능성이 큰 쪽, 즉 확률이 높은 쪽으로 일어난다고 생각했어요. 어떤 밀폐된 공간에 공기 입자가 들어차 있다고 생각해보세요. 공기 입자가 질서정연하게 정돈되었을 가능성이 더 클까요, 아니며 질서 없이 여기저기 멋대로 움직일 가능성이 더 클까요? 쉬는 시간에 교실에서 학생들이 모두 질서 있게 자리에 조용히 앉아 있을 가능성이 더 클까요, 아니면 여기저기 돌아다니거나 떠들고 있을 가능성이 더 클까요? 당연히 후자겠죠? 볼츠만은 엔트로피의 증가를 무질서도가 증가하는 현상이라고 설명했어요.

화석 연료 속에는 화석 연료를 구성하는 원소들이 탄소를 중심으로 규칙적으로 배열되어 있습니다. 화석 연료를 태우면, 탄소 화합물 속에 질서 있게 놓였던 탄소, 산소, 수소 등은 이산화탄소와 물의 형태로 대기 중으로 날아가 자유롭게 움직일 수 있게 되겠죠. 그러니까 화석 연료의 연소는 덜 질서 있는 상태를 만드는 것과 같습니다. 화석 연료를 태우는 행위는 무질서의 정도를 증가시키는 행위, 또는 엔트로피를 증가시키는 행위라고 할 수 있는 셈이죠.

물론 지구는 없어진 화석 연료에 대안을 마련해놓았습니다. 물과 이산화탄소는 광합성을 통해 다시 탄소 화합물로 고정되니까요. 광합성은 어떻게 보면 엔트로피가 감소하는 과정인데, 이는 태양에서 지구로 에너지가 끊임없이 제공되기 때문에 가능합니다. 광합성으로 만들어진 탄소 화합물은 그것을 먹는 생물의 몸을 구성하고, 이 생물이 죽으면 다시 땅에 묻혀 화석 연료로 바뀝니다. 이러한 과정을 거쳐 지구에는 일하는 데 이용될 유용한 에너지가 계속 생산되고 저장되지요.

그런데 문제는 속도의 차이입니다. 화석 연료가 생산되려면 수백만 년에서 수억 년의 시간이 걸립니다. 하지만 18세기 중반부터 시작된 산업혁명 이래, 인류가 화석 연료를 사용하는 속도는 자연이 화석 연료를 생산해내는 속도보다 훨씬 빨랐어요. 그 결과 인류가 이용할 수 있는 화석 연료의 양은 점점 줄어들었지요. 반면 엔트로피는 심각하게 증가하였고, 물질의 순환과 에너지 흐름은 자연 스스로 회복하기 어려울 만큼 평형이 깨져버렸습니다.

결국, 인류는 자연에 큰 빚을 진 셈입니다. 우리의 자손들이 사용해야 할 유용한 에너지의 양을 점점 줄이고, 대기 중에 이산화탄소와 같은 물질을 잔뜩 방출한 데에 누군가는 빚을 갚아야 합니다. 다행히도, 많은 사람이 인류가 진 빚을 깨닫고 자연을 되돌리기 위해 노력하고 있습니다.

자연의 경고이자 해결책이 되어주는 '순환'

지금까지 설명했던 것처럼 대기 중 이산화탄소량 증가에 따른 지구 온난화 문제뿐만 아니라 합성계면활성제, 플라스틱, 산성비, 태평양 거대 쓰레기 지대와 같은 지구환경 문제 해결의 핵심은 순환입니다. 물질의 순환이라는 관점에서 지구 시스템 또는 지구 생태계에 접근하면 지구의 환경오염 문제를 해결할 방향을 정할 수 있습니다. 방향이 정해지면 구체적인 실천 계획은 자연스럽게 따라 나올 거예요.

우리는 생태계가 작동하는 네 가지 법칙에 따라 물질 순환 구조를 어떻게 회복할지 고민해야 합니다. 모든 것은 다른 모든 것과 연결되어 있다는 첫 번째 법칙은 생태계의 구성요소들은 상호작용하므로 한 요소가 오염되면 다른 요소도 오염된다는 것을 말해줍니다. 우리가 버린 것들은 생태계를 오가다 다시 우리에게 돌아온다는 말이죠.

모든 것은 반드시 어딘가로 가게 되어 있다는 두 번째 법칙은 쓰레기를 안 보이는 곳에 버렸다고 해서 그 쓰레기가 없어지지 않는다는 사실을 말해줍니다. 쓰레기를 쓰레기통에 버리는 행위만으로 생태계의 순환 구조 회복에 도움을 주었다고 말할 수 없다는 말입니다.

네 번째 법칙인 공짜 점심 따위는 없다는 말은 화석 연료의 과도

한 사용으로 지구가 자원 감소와 환경파괴라는 대가를 치르는 현실을 보여줍니다.

자연에 맡겨두는 편이 가장 좋다는 커머너의 세 번째 법칙은 다른 세 가지 법칙에 해결책이 되어줍니다. A 과정에서 만들어진 물질이 B 과정에 필요한 재료가 되고, B 과정에서 만들어진 물질이 다시 A 과정의 재료가 되는 순환 구조를 통해 자연은 스스로 균형을 회복하고 유지합니다. 따라서 우리가 물질 순환 구조를 회복하고자 한다면 자연이 보여주는 인과관계를 따르려는 자세가 필요합니다.

그렇다면, 지구 시스템의 생태적 순환고리를 벗어난 물질들을 어떻게 다시 순환하도록 할 수 있을까요? 생태계의 순환고리, 즉 원을 닫아서 지구 시스템을 평형 상태로 유지하려면 어떤 노력을 해야 할까요?

물론 우리가 매일 하는 플라스틱 수거와 재활용도 순환고리를 회복하는 데 중요한 역할을 합니다. 하지만 플라스틱을 합성하는 속도가 플라스틱이 분해되는 속도보다 비교할 수 없을 정도로 빠르므로, 재활용은 근본적인 해결책이 되기 어려워요. 이산화탄소가 고정되는 속도보다 배출되는 속도가 더 빠르면 탄소는 순환하기 어렵습니다.

지구 시스템의 물질 순환고리를 되찾을 더 근본적인 해결책은 없을까요? 생태계 순환고리를 깨는 화학물질의 생산 자체를 막으려는 더 적극적인 시도를 해볼 수는 없는 걸까요? 그에 대한 답을 4부에서 찾아보도록 하겠습니다.

PART 4

화학의
눈으로 보면

녹색지구가
펼쳐진다

9장

화학의 새로운 목표, 생태계와 조화 이루기

환경을 대가로 지불한 화학물질, 편리함과 파괴 사이

3부에서 우리는 물질 순환의 관점에서 지구의 환경 문제를 살펴보았습니다. 이로써 지구환경 문제 해결의 핵심이 자연의 물질 순환 방식에 있다는 사실을 확인할 수 있었습니다. 그렇다면 지구 시스템의 물질 순환을 회복하기 위해 우리는 어떤 노력을 할 수 있을까요? 4부에서는 과학자, 정부, 기업, 그리고 민간단체가 지구 시스템의 순환고리 회복에 어떤 노력을 기울이는지 살펴보려고 합니다. 이러한 노력은 지구를 위해 바로 지금 내가 할 수 있는 일을 찾는 데 좋은 길잡이가 되어주기 때문입니다.

과학이 오늘날과 같은 모습을 띠게 된 것은 16~17세기에 들어서면서부터였습니다. 그 이후 자연에 관한 지식은 빠른 속도로 확장되었고, 과학은 자연 자원을 더 효율적으로 이용하는 방향으로 성장해왔어요. 자연은 함께할 대상이라기보다 이용할 대상으로 여겨졌지요.

과학의 발전은 기술의 발전으로 이어졌고, 인간을 위해 자연을 이용하는 태도는 18세기 말 제1차 산업혁명에서 열매를 맺었습니다. 제1차 산업혁명을 촉발한 사건은 증기 기관의 발명이었어요. 증기 기관은 석탄을 태워 물을 수증기로 만든 다음, 수증기의 열에너지를 일로 바꾸는 기계 장치예요. 2부에서 살펴보았던 코크스 제철법도 이때 도입되었지요.

19세기 후반에는 제2차 산업혁명이 일어났어요. 제2차 산업혁명 시대에 들어서는 석유와 전기가 새로운 동력으로 이용되었고, 화학과 철강, 자동차 등의 분야에서 기술 혁신과 대량 생산이 이루어졌어요. 내연기관도 이 시기에 발명되었지요. 1, 2차 산업혁명 동안에는 주로 화석 연료를 기반으로 한 산업이 발전했는데, 이는 필연적으로 환경오염이라는 문제를 낳을 수밖에 없었어요.

과학의 환경파괴를 예견한 사람들

19세기 말부터 인간이 촉발한 환경파괴를 우려하는 목소리가 등장합니다. 당시의 환경주의자들은 인간이 무분별하게 자연환경을 계속 파괴하면, 생산성은 점차 낮아지고 지구는 이상기후 상태로 전락할 것이라고 말했어요. 또 이들은 지구가 자기 유지 능력을 보존하는 것이 중요하다고 생각했으며, 인간은 자신을 자연의 정복자가 아닌 자연의 한 부분으로 생각해야 한다고 주장했어요.

하지만 제2차 세계대전(1939~1945)은 오히려 과학 기술의 위대함을 확인하는 계기가 되었어요. 레이더, 전투기, 핵시설과 같은 우수한 기술을 가진 국가가 전쟁에서 승리했고, 특히 원자 폭탄이 어떻게 전쟁을 종식했는지를 본 많은 사람이 과학 기술의 위력을 실감했어요. 각 국가는 정책을 마련해 과학 기술을 지원하기에 나섰고, 과학 기술의 발전을 곧 국가의 힘이라고 여겼습니다.

그러는 사이 인공적으로 합성해낸 여러 화학물질은 빠른 속도로 옛 물질을 대체해갔어요. 두 차례 세계대전을 거치면서 비누를 사용하던 사람들은 합성세제를 사용하기 시작했고, 면과 같은 자연섬유로 만든 옷을 입던 사람들은 폴리에스터와 같은 합성섬유로 만든 옷을 입었어요. 또 나무와 철로 만들어진 그릇은 플라스틱 그릇으로 바뀌었고, 자연 방충제는 DDT Dichloro Diphenyl Trichloroethane와 같은 화학 살충제로 대체되었어요.

그런데 인공 화학물질이 빠른 속도로 자연물질을 대체하면서 문제가 생겨났습니다. 새로 만들어진 화학물질이 환경을 심각하게 오염했거든요. 과학자들은 1950년대 후반부터 시작해 1960년대에 들어서고 나서야 자신들이 만든 화학물질이 지구 시스템에 심각한 영향을 끼친다는 사실을 본격적으로 깨달았어요.

크게 두 사건이 그 계기가 되었어요. 처음으로 환경오염의 심각성을 촉발한 사건은 1962년 《침묵의 봄》이라는 책의 출간이었어요. 이 책을 쓴 미국의 해양생물학자이자 생태학자인 레이첼 카슨(1907-1964)은 인공적으로 만들어진 살충제인 DDT가 새의 알에 미치는 영향과 식량 생산 과정에 미치는 영향을 자세하게 조사한 후, 화학 살충제의 남용이 생태에 재앙을 불러올 수 있다고 주장했어요.

이 책이 미친 영향은 카슨의 책이 출판된 다음 해인 1963년에 미국 백악관에 환경 문제 자문 위원회가 구성되고 1970년에 환경보호청이 설립되었다는 사실로 확인할 수 있어요. 1972년에 미국 환경보호청은 DDT 사용을 전면 금지했어요.

화학물질의 지구 시스템 파괴 위험성을 널리 알린 또 다른 사건은 오존층 파괴였어요. 멕시코의 화학자 마리오 몰리나(1943-2020)와 미국의 화학자 프랭크 셔우드 롤런드(1927-2012)는, 1974년 당시 냉장고와 에어컨의 냉매제 등으로 널리 사용되던 염화플루오린화탄소CFCs, Chloro Fluoro Carbons가 오존층까지 도달한 다음, 강력한 태양 자외선과 만나 염소 원자로 분해되어 오존층을 파괴한다고 주장했습니다. CFCs는 보통 프레온 가스로 널리 알려졌지만, 사실 프레온은 미국의 화학회사 듀폰의 상표명이에요. 당시 프레온은 인체에 독성을 미치지 않는 이상적인 화합물로 여겨져 산업계에 폭넓게 사용되었어요.

하지만 1985년에 영국 과학자들이 남극 대륙 상공의 오존층에서 오존홀ozone hole을 발견함으로써 몰리나와 롤런드의 주장은 사실로 입증되었고, 이로써 사람들은 환경오염의 위험성을 실감하게 되었답니다.

이제 목표는 지구 시스템의
물질 순환 회복!

시간이 지나면서 점점 더 많은 과학자가 자신들이 만든 물질이 지구 시스템의 물질 순환에 문제를 일으켰음을 깨달았습니다. 물론 플라스틱, 합성계면활성제, DDT, CFCs와 같은 화학물질을 처음 만들었을 때, 이러한 물질들이 환경파괴로 이어지리라고 예상한 과학자는 없었을 겁니다. 또 이런 물질을 만들 때 발생하는 이산화탄소가 지구를 온난화하리라고 믿었던 과학자도 없었을 테고요. 환경오염 문제는 어쩌면 화학물질을 처음 만들 때에 미처 예상하지 못했던 결과였던 셈이죠. 오히려 이런 화학물질은 사람들을 편리하게 만들어주었고 유용하게 잘 이용되었어요.

인공 화학물질 사용이 지구에 끼칠 피해를 예상하지 못했던 것은 과학자만이 아니었어요. 기업가들도 마찬가지였습니다. 사람들은 그동안 기업들이 성장해온 방식이 환경 문제의 중대한 원인이었음을 점차 깨달았어요. 기업들은 철, 시멘트, 플라스틱, 합성세제,

DDT, CFCs 등을 만들어 팔아서 이윤을 얻었고, 그 과정에서 생태계의 순환 원리를 고려하지 않은 채 화석 연료를 엄청나게 사용했으니까요. 기업들의 가장 큰 목표는 물건을 만들어서 팔고 이윤을 얻는 데 있었거든요. 그동안 기업들이 새로운 화학물질을 만들어 팔고 소비자들이 이를 사서 사용하고 버리는 전 과정이 환경오염을 일으킬 수밖에 없는 방식으로 이루어졌던 거죠.

물론 각국 정부도 환경오염의 책임에서 벗어날 수 없습니다. 한 가지 예로 화석 연료 보조금fossil fuel subsidies을 들 수 있어요. 화석 연료 보조금은 화석 연료의 생산과 소비에 정부가 지급하는 보조금입니다. 화석 연료 보조금에는 소비자에게 제공되는 보조금과 생산자에게 제공되는 보조금이 있는데, 소비자에게 제공되는 보조금은 석탄, 석유, 천연가스, 전기와 같은 에너지의 사용료를 낮춰줍니다. 트럭의 운송비를 낮춰준다거나 빈곤층에게 전기세를 적게 내도록 하는 정책이 여기에 해당하죠. 반면 생산자에게 제공되는 보조금은 화석에너지 자원을 개발할 수 있도록 정부가 기업을 지원해주는 방식을 말해요. 결과적으로 생산자는 상대적으로 적은 비용을 들여 화석 연료를 생산할 수 있게 되죠.

화석 연료 보조금은 순기능과 역기능을 동시에 해왔어요. 화석 연료 보조금은 사회적 취약 계층이나 취약 산업에 낮은 가격으로 에너지를 공급하여 복지 수준을 높이는 순기능을 했어요. 또 정부의 지원이 산업 경쟁력을 키우는 데 도움을 준 것도 사실이에요. 하지만, 화석 연료 보조금은 화석 연료를 과도하게 소비하는 역효과를 낳았을 뿐만 아니라 재생에너지 개발에 투자되어야 할 자금을 화석 연료 보조금으로 써버려 대체에너지 개발을 늦추고 말았어요.

그렇다면 화학물질로 발생한 환경오염 문제는 누가 해결해야 할까요? 과학자들이 개발한 화학물질이 지구 시스템에 미치는 피해는 어떻게 없앨 수 있을까요? 기업의 생산 활동 결과 발생하는 환경 비용은 누가 어떻게 지급해야 할까요? 기업의 사회적 책임은 무엇일까요? 각국 정부는 지구 시스템의 평형을 되찾기 위해 어떤 노력을 해야 할까요? 그리고 화학물질의 소비자로서 우리 자신은 화학물질과 관련된 환경오염의 문제에 어떻게 접근하면 좋을까요?

지구에 피해를 주지 않는 화학물질?

분명한 건, 인공 화학물질들이 가져온 편리함을 절대 무시할 수 없다는 사실이에요. 우리는 화학 없이는 살 수 없어요. 철은 주택, 자동차, 각종 생활용품을 만드는 데 이용되었고, 시멘트는 인류에게 안전한 주거를 제공해주었어요. 살충제와 비료의 발명은 식량 생산량을 엄청나게 늘려주었고, 합성세제의 발명은 빨래나 설거지 등을 훨씬 쉽게 만들어주었지요. 플라스틱의 발명으로 인류는 생활에 필요한 물건을 값싸게 공급받게 되었어요.

　지구 곳곳에 플라스틱 쓰레기가 많은 이유는 그동안 우리가 플라스틱 제품을 많이 사용했기 때문이에요. 이는 어떻게 보면 플라스틱이 너무나도 장점이 많은 물질이라는 증거입니다. 플라스틱은 값이 싸고 물이 묻지도 않으며 썩지 않습니다. 또 플라스틱은 가볍고, 잘 깨지지도 않지요.

　오히려 플라스틱과 같은 화학물질의 발명이 특정 생물의 생존에 유리하게 작용했다고 생각하는 사람들도 있어요. 예를 들어,《지구를 위한다는 착각》을 쓴 미국의 저널리스트 마이클 셸런버거는 플라스틱의 발명으로 오히려 거북이나 코끼리를 멸종에서 구할 수 있었다고 말합니다. 거북의 껍질과 코끼리의 상아를 이용해 사치품과 공예품을 만들던 사람들이 대체품으로 플라스틱을 사용하게 되었기 때문이지요.

　따라서 우리는 단순하게 플라스틱이 환경을 오염하니 플라스틱을 퇴출하고, 합성세제가 수권의 균형을 깨뜨리니 합성세제를 사용하지 말고, 철이나 시멘트 공장에서 이산화탄소를 많이 내보내니 공장을 줄여야 한다고 주장할 수는 없을 거예요. 이런 물질들이 일상생활에 준 유용함까지 폐기할 수는 없으니까요.

　화학물질을 계속 생산하되, 그 과정에서 발생하는 환경오염 문제도 해결해야 한다면, 남은 질문은 하나가 됩니다. 화학물질을 만들어내는 생산 활동과 이를 소비하고 폐기하는 전 과정에서, 지구 시스템의 기능은 그대로 유지하면서 환경오염을 최대한 막을 방법은 무엇일까요? 두 마리 토끼를 다 잡을 방법이 있을까요?

1980년대 말부터 과학자들은 답을 찾아 나섰어요. 새로운 물질을 합성하는 것도 중요하지만, 합성한 물질을 사용하고 폐기하기까지의 모든 과정이 중요하다고 인식하게 된 것이죠. 과학자들은 원하는 기능을 가진 물질을 만들어내는 일뿐만 아니라, 그 물질을 최종적으로 어떻게 분해해야 할지를 진지하고 심각하게 고민하기 시작했어요. 이는 자신들이 만든 화학물질이 지구 시스템의 지권·수권·대기권·생물권과 어떻게 연결되는지를 파악하고, 생태적 순환고리를 다시 회복하려는 노력의 하나였어요.

목표를 지구 시스템의 물질 순환 회복으로 설정하면, 그다음 단계로 해야 할 일은 쉽게 찾을 수 있어요. '어떻게 하면 효율적인 화학물질을 만들 수 있을까?'에서 '어떻게 하면 효율적이면서도 지구에 피해를 주지 않는 화학물질을 만들 수 있을까?'로 질문을 바꾸고, 화학물질을 생산·소비·폐기하는 과정을 지구 시스템과 생태계 순환의 원칙에 맞게 재조정하면 되니까요. 기술을 개발하는 첫 단계부터 친환경 목표에 부합하는 쪽으로 방향을 잡고 나아가는 거죠.

환경 문제를 심각하게 받아들인 기업가들도 생태적 원리에 기반한 방식으로 생산 방식을 바꾸려고 노력했습니다. 폐기물을 많이 생성하는 화석 연료 대신 가능하면 재생에너지를 사용하고, 에너지 효율을 높여 화석 연료 사용량을 줄이고, 화학물질의 생산 과정에서 나오는 오염물질의 양을 줄일 방법을 찾아 나선 것이죠. 또 철이나 시멘트를 제조할 때 발생하는 이산화탄소를 완전히 재처리하거나 재활용할 수 있는 기술을 개발하여 실행하려고 노력했어요. 이처럼 생산 과정과 생태계가 조화를 이룰 방법은 많습니다.

생태학자인 배리 커머너는 인류의 생존 방식이 생태학의 법칙을 따를 때, 즉 생명의 순환고리인 원이 비로소 닫힐 때만 지속 가능한 발전을 할 수 있다고 보았어요. 20세기 말에 이르러, 지구 시스템의 물질 순환을 회복할 방법을 고민하는 사람은 더 많아졌어요. 그렇다면 과학자, 기업, 각국 정부, 그리고 민간단체들은 구체적으로 어떤 노력을 했을까요?

10 장

아직도 화학이 녹색과 상관없어 보인다면?

지구를 되살리는 데에는
화학이 빠질 수 없어

지속 가능성_{sustainability}이라는 말을 들어본 적이 있나요? 우리나라는 2008년에 〈지속가능발전법〉을 제정했는데, 이 법에서는 지속 가능한 발전을 "현재 세대의 필요를 충족시키기 위하여 미래 세대가 사용할 경제·사회·환경 등의 자원을 낭비하거나 여건을 저하시키지 않고, 서로 조화와 균형을 이루는" 발전이라고 정의합니다. 이에 따르면, 미래 세대에게 필요한 자원을 남겨놓으면서 경제 성장과 환경 보존을 동시에 이루려는 성장이 바로 지속 가능한 발전이라고 할 수 있습니다.

지속 가능한 성장을 꿈꾸는 과학의 핵심에는 녹색화학_{green chemistry}이 있습니다. 그래서 녹색화학을 '지속 가능한 화학'이라고 부르기도 해요. 1990년대 초에 미국의 화학자 폴 아나스타스(1962~)는 녹색화학을 '화학 제품을 설계·생산·활용하는 과정에서 해로운 물질의 사용과 생성을 최소화하려는 움직임'이라고 정의했어요. 녹색화학자들은 화학을 환경오염의 원인이 아니라 환경 문제를 해결할 수 있는 도구로 생각합니다. 기존 화학에 대안을 제시한다는 점에서 녹색화학은 지난 20년간 세계적으로 많은 관심의 대상이 되었어요.

녹색화학, 기술과 환경의 공존을 위하여

녹색화학에서 가장 중요한 개념은 설계(디자인)입니다. 화학물질을 생산할 때, 녹색화학의 목표를 달성하려는 의도를 생산 과정 설계에 반영하기 때문이지요. 녹색화학의 가장 중요한 설계 원칙은 최대한 폐기물이 만들어지지 않도록 화학반응을 설계할 것, 반응물의 원자 중에서 생성물질로 옮겨가는 원자의 수를 극대화할 것, 독성이 감소하도록 화학반응을 설계할 것, 에너지 효율을 높일 수 있도록 설계할 것, 재생 가능한 원료를 사용할 것, 독성이 적은 용매를 사용할 것, 사용한 뒤 그대로 회수하여 처리할 수 있는 촉매를 사용할 것, 그리고 생성물이 모두 독성이 없는 물질로 분해되도록 반응을 설계할 것 등이에요. 물질의 구조나 특성을 잘 아는 화학자들이야말로 유해성을 최소화하는 방향으로 화학물질을 설계할 수 있는 적임자가 아닐까요?

실제로 2001년과 2005년의 노벨 화학상은 녹색화학 발전에 공헌

한 화학자들에게 돌아갔습니다. 2001년 노벨 화학상은 미국의 윌리엄 놀스(1917-2012)와 칼 배리 샤플리스(1941-), 일본의 노요리 료지(1938-) 세 명의 화학자가 수상했어요. 이들은 친환경 유기 촉매 시스템을 발견한 공로를 인정받았지요. 2005년에는 프랑스의 이브 쇼뱅(1930-2015), 미국의 로버트 그럽스(1942-2021)와 리처드 슈록(1945-), 세 녹색화학자가 받았어요. 이들은 폐기물이 생기지 않는 환경친화적인 물질 분해 방법을 연구한 공로를 인정받았답니다.

이들의 노벨상 수상 이력은 녹색화학 연구의 중요성을 널리 알리는 역할을 했어요. 또 많은 화학자에게 화학의 미래가 '녹색'이어야 한다는 인식을 심어주었지요. 녹색화학을 연구하는 과학자들은 자신들의 연구 결과가 산업 생산 분야에까지 널리 적용될 수 있도록 계속해서 노력하고 있습니다.

이처럼 녹색화학은 기술과 환경, 환경과 사람의 공존을 목표로 하는 친환경적 화학이에요. 그렇다면 녹색화학자들은 구체적으로 어떤 노력을 할까요?

새롭게 디자인된
친환경 화학 들여다보기

　　플라스틱, 합성계면활성제, CFCs 등의 화학물질을 합성하려면 우선 화학반응을 일으켜야 합니다. 화석 연료를 연소하여 에너지를 내기 위해서도 화학반응이 일어나야 하지요. 화학반응을 일으키려면 출발물질(반응물), 촉매, 용매 등이 필요합니다. 그리고 에너지가 들어가거나 나오는 과정을 통해 화학반응의 결과물, 즉 생성물과 폐기물이 만들어집니다.

　　녹색화학을 연구하는 화학자들은 화학반응의 각 단계를 녹색화학의 설계 원칙에 맞게 개선하려고 노력합니다. 설계 원칙은 앞에서 간단하게 살펴보았죠? 한마디로 정리하자면, 화학반응을 일으킬 때 독성 물질이 나오지 않도록 노력하고, 화학물질을 생산하는 과정뿐만 아니라 폐기하는 과정에도 책임을 지자는 것이었어요. 그럼 화학반응의 단계별로 녹색화학자들이 어떤 노력을 하는지 알아볼까요?

1단계: 생분해되는 반응물의 사용

반응물, 즉 원료의 선택은 녹색화학의 핵심이라고 할 수 있습니다. 원료가 화학물질을 합성하는 경로와 환경에 미치는 영향을 결정하기 때문이에요.

전통적으로 과학자들이 화학물질 생산에 사용한 원료들은 독성을 띠었고, 자연 자원을 고갈하거나 환경에 피해를 주는 방법으로 얻어졌어요. 예를 들어, 그동안 대부분의 화학물질은 화석 연료인 원유에서 얻은 재료로 생산되었는데, 자연 상태에서 원유는 완전히 환원된 상태로 존재하므로, 원유를 이용해 화학물질을 얻으려면 산화제와 중금속 촉매를 써야만 했어요. 문제는 지금까지 사용하던 산화제와 촉매가 독성이 매우 강한 물질이었다는 점이에요.

녹색화학자들은 이전까지 사용하던 원료를 대체할 새로운 물질을 찾으려 노력해왔습니다. 화학자들이 찾아낸 대안 중 하나는 생물학적 원료예요. 화학적 에너지로 사용 가능한 생물학적 원료를 바이오매스biomass 라고 하는데, 화학자들은 바이오매스를 이용해 석유 원료로 생산한 것만큼이나 질 좋은 화학물질을 생산할 방법을 찾고 있어요.

그렇다면 반응물로 이용 가능한 바이오매스에는 어떤 종류가 있을까요? 다당류*와 같은 생물학적 원료를 이용하면, 화학물질 사용 후 폐기하는 물질이 모두 생분해되기 때문에, 물질 순환이 가능하다는 장점이 있어요. 포도당$C_6H_{12}O_6$도 화학물질을 만드는 데 이용될 수 있답니다.

포도당을 이용해 아디프산$C_6H_{10}O_4$을 합성하는 예를 들어볼까요? 아디프산은 나일론을 만드는 데 필요한 물질이에요. 전통적으로 아디프산은 벤젠을 이용해서 합성했어요. 그런데 이 반응은 고온, 고압에서 진행되므로 에너지 소모가 크고, 또 부산물로 아산화질소가 생성되어 지구온난화 및 오존층 파괴의 원인이 되었어요. 발생한 아산화질소를 회수하는 데에도 매우 큰 에너지가 필요했죠.

하지만 벤젠 대신 포도당을 이용하여 아디프산을 합성하면 독성이 강한 화학물질을 이용할 필요도 없고, 용매로 물을 사용할 수도 있어요. 포도당이 물에 잘 녹기 때문이지요. 또 독성의 폐기물이 발생하지도 않는답니다.

이 외에도 녹색화학을 연구하는 화학자들은 고형 폐기물, 하수구 배출물, 배설물 등과 같은 바이오매스 폐기물을 동물의 사료, 산업용 화학물질, 또는 연료로 변환하는 방법을 연구하고 있어요. 또 이산화탄소를 이용해 나프타와 같은 화학물질이나 연료를 만드는 방법도 연구하고 있답니다.

···········
* 　　단당류가 여러 개 결합한 고분자 탄수화물을 말한다

전통적으로 원유의 부산물인 벤젠을 이용해 아디프산을 합성하는 방법

인체와 환경에 해가 없는 포도당(글루코스)을 이용해 아디프산을 생합성하는 녹색화학의 방법

2단계: 자연의 방법을 따르는 유기 촉매

앞서 2부에서 살펴본 것처럼, 플라스틱과 같은 화학물질을 합성할 때는 열에너지가 필요합니다. 석유를 이용해 플라스틱을 만든다고 생각해보죠. 플라스틱 공장에서는 고온과 고압에서 화학반응을 유도해 플라스틱을 만듭니다. 탄소 화합물은 구조가 안정적이어서 반

응이 쉽게 일어나지 않기 때문이에요. 이는 플라스틱을 만들기 위해서는 화석 연료를 많이 태워 에너지를 많이 끌어내야 함을 의미해요. 화학물질 생산은 비용도 많이 들고, 오염물질도 많이 배출하지요.

따라서 화학자들은 고온과 고압의 상태를 만들지 않고도 화학반응을 일으킬 방법을 연구했어요. 그 결과 답을 촉매에서 찾아냈습니다. 열에너지를 이용해서 화학반응을 일으키려면 활성화 에너지[*]가 필요한데, 촉매는 반응에 필요한 활성화 에너지의 양을 낮춰주기 때문이죠. 실제로 산업적으로 생산되는 화학물질 중 90% 이상이 제조 과정에서 촉매를 사용한답니다.

이전까지 화학자들은 철, 산화질소, 백금, 실리카-알루미나, 니켈, 팔라듐, 산화구리와 같은 촉매를 이용해 탄소화합물을 더욱 쉽게 많이 생성하려고 노력했어요. 문제는 촉매로 사용된 중금속 화합물이 독성을 띠는 경우가 많다는 점이었어요.

녹색화학을 연구하는 과학자들은 금속 촉매 대신에 유기 촉매를 개발해서 사용하고자 노력 중이에요. 유기 촉매란 탄소, 수소, 질소, 산소 등과 같은 비금속 원소들로 이루어진 새로운 형태의 촉매를 말해요. 우리 몸에서 만들어지는 소화효소는 대표적인 유기 촉매입니다. 유기 촉매는 환경친화적이고 제조가 쉬우며 가격도 저렴해 기존 금속 촉매의 대체재로 큰 관심을 얻고 있어요. 생체 모방 기술을 촉매 개발에도 적용하는 셈이죠.

3단계: 폐기물의 양을 줄이는 대체 용매

화학반응이 일어나려면 반응물들이 서로 만나야겠죠? 그러기 위해서는 반응물들을 용매에 녹여 서로 섞어야 해요. 따라서 용매는 거의 모든 화학반응에 필수적으로 사용됩니다.

기존에 과학자들은 주로 벤젠, 톨루엔, 아세톤 등과 같은 유기 용매를 사용해서 화학반응을 일으켰어요. 문제는 화학물질을 만들 때 사용한 유기 용매가 용도를 다한 다음 대부분 폐기되어 환경을 오염한다는 점이었어요.

따라서 녹색화학 연구자들은 기존에 사용하던 유기 용매를 녹색 용매로 대체하는 연구에 힘쓰고 있습니다. 이들은 용매로 사용할 수 있는 대체 화학물질을 찾거나, 용매를 전혀 사용하지 않는 방법을 개발하려고 노력하고 있어요.

녹색화학에서 새롭게 개발 중인 용매로는 초임계 유체supercritical fluids가 대표적입니다. 물질을 액체나 기체로 구분할 수 있는 최대

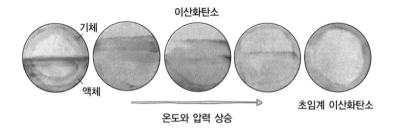

이산화탄소

기체

액체

온도와 압력 상승

초임계 이산화탄소

초임계 이산화탄소가 만들어지는 과정. 온도와 압력이 높지 않을 때 이산화탄소는 액체와 기체가 위아래로 뚜렷하게 구분되지만(제일 왼쪽), 온도와 압력을 높이면 액체와 기체를 구분할 수 있는 임계점을 넘어서 결국 초임계 상태가 된다. 초임계 상태에서는 액체와 기체의 경계가 없어진다.

압력과 최대 온도를 임계점이라고 하는데, 초임계 유체는 임계 압력과 임계 온도 이상의 조건에서 액체와 기체의 경계가 없어진 물질을 말해요. 대표적인 초임계 유체로는 초임계 이산화탄소scCO₂가 있어요. 이산화탄소는 31도 74메가파스칼MPa에서 초임계 이산화탄소가 됩니다.

화학물질을 만들 때 초임계 이산화탄소를 용매로 사용하면 폐기물의 양을 줄일 수 있습니다. 압력만 낮춰주면 이산화탄소가 분리되기 때문이에요. 초임계 이산화탄소는 경제적이고, 임계점에 쉽게 도달하므로 기술적으로도 무리가 없어요. 또 초임계 이산화탄소는 확산 속도가 빠르고 1나노미터보다도 좁은 공간에 침투할 수 있어 다양한 물질을 잘 녹여낼 수 있답니다. 안전하고 취급이 쉽다는 장점도 있어요.

우리 일상생활에서도 초임계 이산화탄소가 용매로 많이 사용되는데, 대표적인 예가 디카페인 커피입니다. 초임계 이산화탄소는 커피 맛과 향 분자는 그대로 놓아두면서, 작고 가벼운 카페인 성분만 녹여 빼낼 수 있거든요. 또 초임계 이산화탄소를 이용해서 세탁하면 섬유를 손상하지 않고도 때 성분을 잘 제거할 수 있으므로 환경오염을 일으키는 유기 용매를 따로 사용하지 않아도 됩니다.

초임계 이산화탄소와 더불어 녹색 용매로 떠오르는 또 다른 물질은 이온성 액체ILs, Ionic Liquids 입니다. 이온성 액체는 양이온과 음이온의 크기가 비대칭적이어서 결정체를 이루지 못하고 상온에서 액체 상태로 존재하는 염salt을 말해요.[*] 화학자들은 이온성 액체를 이용해 식물 세포벽의 주성분인 셀룰로스cellulose를 분해한 다음, 이를 바이오 에너지로 이용할 방법을 연구하고 있어요.

사실 초임계 유체나 이온성 액체의 사용보다 용매를 전혀 사용하지 않는 쪽이 환경에 더 좋겠지요. 따라서 합성에 사용하는 반응물 자체가 용매 역할을 하는 방법을 개발하려고 많은 화학자가 연구하고 있어요.

....

[*] 염이란 산과 염기가 중화반응을 일으켜서 생성되는 화합물로, 산의 음이온과 염기의 양이온이 결합하여 만들어진다.

4단계: 폐기물의 양 줄이기

화학물질을 합성한 후 폐기물이 생긴다는 것은 불필요한 처리 과정이 발생했고, 이 과정에서 에너지와 돈과 시간이 낭비되며, 폐기물의 독성을 제거할 수 있는 기술 개발도 필요함을 뜻합니다. 그렇다면 어떻게 폐기물의 양을 줄일 수 있을까요? 반응물 전체 양 중에서 실제로 최종 생성물에 들어가는 양이 많을수록 부산물이나 폐기물은 적게 만들어지겠죠? 녹색화학자들은 반응물의 원자 중에서 생성물로 옮겨 가는 원자의 수를 극대화할 방법을 찾기 위해 노력하고 있답니다.

11 장

실체 없는 온실가스가
실제적인 위협이
되지 않도록

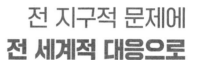

전 지구적 문제에
전 세계적 대응으로

국제사회는 환경오염, 특히 현재 진행 중인 지구온난화와 기후변화를 큰 위험으로 인식하고, 온실가스 배출 규제와 지구온난화 방지, 지구 생태계 회복을 목표로 공조하기로 했어요. 그중 하나가 화석 연료 보조금을 개편하는 일이었어요. 정부 보조금을 받아 값싸게 생산한 화석 연료가 대기오염과 기후변화의 원인이었음을 알게 된 각국 정부는 화석 연료 보조금을 개편해야 한다는 데 인식을 함께했습니다. 2009년 G20 국가들은 "낭비적인 소비를 조장하는 비효율적인 화석 연료 보조금"을 단계적으로 폐지하겠다고 선언했어요. 미국 바이든 행정부는 2021년 4월 화석 연료 보조금을 폐지하고 이를 청정에너지 인센티브로 대체하겠다고 선언했고, 유럽연합 역시 2025년까지 이를 단계적으로 폐지하겠다고 발표했어요.

그렇다면 온실효과와 지구온난화는 언제부터 주목받았을까요? 1965년에 미국 대통령 과학자문위원회에서 이 문제를 공식 의제로 채택하면서 온실효과와 지구온난화는 국가 차원의 관심이 필요한 환경 문제로 인식되었어요. 1970년대에 들면서는 지구온난화 문제에 관한 학술적 연구가 이루어졌고, 1972년에는 최초의 환경 관련 국제 회의인 '유엔인간환경회의The United Nations Conference on the Human Environment'가 개최되었지요. 113개국 대표가 참여한 이 회의에서 각국 대표들은 국제 협력의 필요성을 확인했어요.

보다 구체적인 노력이 필요하다

이에 따라 1970년대 이후로는 환경오염 문제를 다룰 국제기구와 국제 조약들이 활발하게 만들어졌어요. 온실효과나 지구온난화 문제와 관련하여 가장 많이 들어본 국제기구는 아마도 '기후변화에 관한 정부 간 협의체IPCC, Intergovernmental Panel on Climate Change'일 거예요. 1988년에 출범한 이 협의체는 전 세계 3,000여 명의 전문가들이 소속되어, 인간 활동이 기후변화에 미치는 영향을 평가하고, 국제적인 대책을 마련하기 위해 노력하고 있어요. IPCC는 기후변화의 실상을 많은 사람에게 과학적으로 알린 공로로 2007년 노벨평화상을 수상했답니다.

온실가스에 의한 지구온난화의 위험성을 알게 된 세계 각국의 정상들은 1992년 브라질의 리우데자네이루에 모여 '유엔기후변화협약UNFCCC, UN Framework Convention on Climate Change'이라는 국제 협약을 채택했고, 이산화탄소 배출을 규제할 방안을 마련하였어요. 1997년 일본 교토에서 채택한 '교토의정서Kyoto Protocol'에는 유엔기후변화협약을 이행할 구체적인 계획을 명시했어요. 특이한 점은 이산화탄소 배출량 감축 의무를 선진국에만 부과했다는 것이에요. 선진국이 산업 발전 과정에서 더 많은 온실가스를 배출하였으니 더 많은 역사적 책임과 의무를 져야 한다고 생각했기 때문이었어요.

하지만 선진국에만 주어졌던 온실가스 감축 의무는 이제 전 세계 모든 국가로 확대되었어요. 유엔기후변화협약 당사자들은 2015년 프랑스 파리에 모여 '파리협약Paris Agreement'이라는 새로운 기후변화 협약을 채택했는데, 교토의정서가 선진국에만 온실가스 감축 의무를 부여했다면, 파리협약은 195개 당사국 모두에게 감축 의무를 부과했어요. 목표는 "2050년까지 산업화 이전 대비 지구 평균 기온 상승을 2도보다 훨씬 이하로 억제하고, 더 나아가 1.5도 이내로 유지"하는 것이었죠.

파리협약에 따르면, 온실가스 감축은 의무 사항이지만 감축 목표는 각 나라가 스스로 정할 수 있어요. 2015년 6월, 우리나라는 2030년까지 온실가스 배출량을 37% 감축하겠다는 목표를 제출했어요. 2021년은 파리협약이 적용되는 첫 번째 해였습니다.

이산화탄소 배출을
통제할 수 있을까?

교토의정서와 파리협약에 명시된 온실가스 감축 의무 달성을 목표로 각국 정부는 국제탄소시장을 만들고, 이산화탄소 배출량을 돈으로 환산해 서로 사고팔 수 있게 했어요. 쓰레기를 버리려면 종량제봉투를 사야 하는 것처럼, 이산화탄소를 배출하려면 먼저 탄소배출권을 사야 하는 거죠.

당사국들은 할당받은 탄소배출권을 거래할 수도 있는데, 이를 배출권거래제ET, Emission Trading라고 해요.* 탄소 배출량이 많은 나라는 탄소 배출량이 적은 저개발 국가에서 탄소배출권을 사와야 해요. 탄소를 배출하는 데 돈을 더 내게 되는 거죠. 반면 저개발 국가는 다른 나라에 탄소배출권을 팔 수도 있고 미래를 대비해 배출권을 저축해놓을 수도 있어요. 각국 정부는 이런 조약들을 만들어 지구 전체의

----

* 　1980년대에 미국 동북부에 내리는 산성비 문제를 해결하기 위해 미국 정부에서 산성비의 주범인 이산화황 배출량을 사고파는 시스템을 마련했던 것이 그 시초였다.

온실가스 배출량을 조절하고자 노력하고 있어요. 더 나아가 독일, 영국, 핀란드, 스웨덴, 덴마크, 스위스 등은 탄소세를 도입하여 탄소를 배출하는 기업에 세금을 부과함으로써 탄소 배출량 감축 목표를 달성하고자 노력한답니다.

우리나라는 2015년부터 탄소배출권 거래제를 시행했어요. 정부가 우리나라의 배출 허용 총량cap을 설정하면, 각 기업은 정해진 배출 허용 범위 안에서만 온실가스를 배출할 권리를 가지게 돼요. 물론 배출권을 다른 기업과 거래할 수도 있어요. 이는 프로 스포츠팀의 샐러리캡salary cap, 즉 팀 연봉 총액 상한제와 비슷한 개념이에요. 보통 프로 스포츠팀은 한 팀에서 선수 전체에게 줄 연봉의 총액을 먼저 정한 후, 총액 내에서 각 선수의 연봉을 정해요. 한 선수가 연봉을 많이 받으면 다른 선수는 연봉을 적게 받는 방식으로 팀 내에서 연봉 조절이 되니까, 한 선수가 연봉을 너무 많이 받을 수도 없고, 한 팀이 연봉이 높은 선수들을 독점할 수도 없죠. 같은 방식으로 정부가 정해준 배출 허용 총량 안에서 온실가스를 거래하도록 하면 기업의 온실가스 배출량을 통제할 수 있게 됩니다.

지구 기온 상승을 막기 위한 각국 정부의 최종 목표는 탄소중립carbon neutral의 실현입니다. 탄소중립이란 비정상적으로 많이 배출되는 온실가스의 양을 최대한 줄이고, 과잉 배출된 탄소를 다시 회수하여 실질적인 이산화탄소 배출량을 '0'으로 만드는 것을 말합니다. 이산화탄소를 배출한 만큼 이산화탄소를 다시 흡수하겠다는 말이죠. 그래서 탄소 중립을 보통 넷net제로, 또는 탄소제로라고 부릅니다. 이를 위해 기업들은 탄소배출권을 사들일 수도 있고, 더 장기적인 관점에서 탄소 배출량을 줄이는 기술을 지원할 수도 있어요.

우리나라의 산업 구조는 화석 연료 의존도가 높아서 탄소중립이 쉽지만은 않습니다. 우리나라는 2020년 10월에 문재인 전 대통령이 탄소중립을 선언했어요. 목표는 2050년까지 온실가스 순 배출량을 제로로 만드는 것입니다.

이산화탄소 포집 기술의 변천사

탄소중립을 위해 우리는 무엇을 어떻게 할 수 있을까요? 온실가스를 감축하는 방안으로는 첫째, 에너지 효율 향상, 둘째, 저탄소 연료로의 대체, 셋째, 이산화탄소 포집 기술 개발 등이 있어요. 온실가스를 줄이려면, 장기적으로는 온실가스 배출이 없는 청정에너지를 개발해야 하고, 단기적으로는 화석 연료 사용으로 배출되는 이산화탄소를 포집한 후 이를 저장하는 기술을 발전시켜야 합니다.

이산화탄소 포집 및 저장CCS, Carbon dioxide Capture and Storage 기술을 이용하면, 대규모 발전소들, 시멘트·철강·화학 제품 제조업체, 원유 정제 공장 등에서 배출하는 이산화탄소의 양을 85~90%까지 감축할 수 있다고 해요. 탄소중립 실현에 성큼 다가갈 수 있는 셈이죠. IPCC도 이산화탄소 포집 기술을 적극적으로 권장한답니다.

배출된 이산화탄소는 어떻게 포집할 수 있을까요? 이산화탄소를 포집하는 방법으로는 연소 후 포집, 연소 전 포집, 그리고 산소 연료 연소 세 가지가 있어요.

첫째, 연소 후 포집은 발전소나 제조업체에서 연료를 연소한 후 배출되는 이산화탄소를 회수하는 기술이에요. 현재 가장 많이 사용하는 탄소 포집 방법이죠. 둘째, 연소 전 포집은 연료를 사용하기 전에 수소와 이산화탄소로 변환해 이산화탄소를 포집하는 기술이에요. 이산화탄소는 추출하여 저장하고, 수소는 에너지원으로 사용하면 탄소 배출을 없앨 수 있죠. 셋째, 산소 연료 연소는 공기 대신 산소를 이용해 연료를 연소하는 방법이에요. 이 방법을 이용하면 이산화탄소와 물로만 구성된 연기가 발생하기 때문에, 이산화탄소를 포집하기가 훨씬 쉬워집니다.

이산화탄소를 포집한 후에는 안전한 장소에 저장해야겠죠? 포집한 이산화탄소를 안전한 장소로 운반하려면, 이산화탄소를 밀도는 높고 점성은 낮은 상태로 바꿔야 합니다. 그래야 많은 양의 이산화탄소를 빠르게 운반할 수 있으니까요. 이러한 조건을 충족하는 이산화탄소가 바로 초임계 이산화탄소예요. 고압에서 압축된 초임계 이

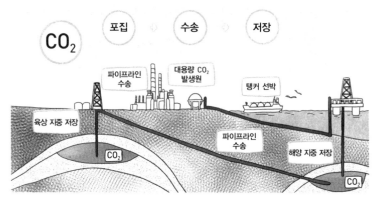

이산화탄소를 포집하여 저장하기까지의 과정. 포집한 이산화탄소는 초임계 상태로 바꿔서 지하 깊은 곳으로 운반한 후 저장한다.

산화탄소는 파이프라인이나 배를 통해 영구적이고 안전한 저장 장소로 이동됩니다.

운반된 이산화탄소는 땅속 수 킬로미터 아래 혹은 해저 1~2킬로미터 아래에 저장됩니다. 현재 세계적으로 가장 많이 쓰이는 저장방법은 원유나 천연가스를 뽑아낸 후 비어버린 공간에 초임계 이산화탄소를 저장하는 방식입니다. 이런 지역은 물질 투과율이 매우 낮은 덮개암이 감싸고 있어서 이산화탄소가 지표면 밖으로 빠져나올 수 없으므로, 이산화탄소를 오랜 시간 동안 안전하게 저장할 수 있어요.

이산화탄소를 저장하는 방법은 또 있어요. 포집한 이산화탄소를 칼슘 이온이나 마그네슘 이온$_{Mg2^+}$을 함유하는 활성 암석 속에 집어넣어, 빠른 속도로 암석화해버리는 방법이에요. 그 결과 방해석 $CaCO_3$, 돌로마이트$CaMg(CO_3)_2$, 마그네사이트$MgCO_3$가 만들어지면서, 이산화탄소는 암석 속에 영구히 고정됩니다.

이산화탄소 포집 기술은 온실가스 배출량을 줄여주는 것에서 그치지 않습니다. 포집한 이산화탄소는 다양한 제품을 만드는 데 이용될 수도 있으니, 경제적으로도 유용합니다. 산업계에서는 포집한 이산화탄소를 폴리우레탄과 같은 플라스틱을 만들거나 합성 연료를 만드는 데 이용할 방법을 찾고 있어요. 나아가 과학자들은 포집한 이산화탄소를 이용한 인공 광합성, 즉 포집한 이산화탄소를 미세조류에게 먹이로 주어 광합성을 수행하게 하는 방법 등도 연구하고 있답니다.

12 장

탄소중립을 위해선
실생활의 변화도 필요해

그저 생산하고
소비하면 끝일까?

ESG 경영이라는 말을 들어본 적이 있나요? 오늘날 기업 경영의 핵심 키워드로 자리 잡은 ESG는 친환경Environment, 사회적 책임Social, 지배구조Government의 약자예요. ESG 경영이란 친환경적이고, 사회적 책무와 가치를 중요하게 여기며, 투명하고 윤리적인 방향으로 지배구조를 개선하여 지속 가능한 성장을 추구하는 경영 방식을 뜻합니다. 단순한 이익 추구를 넘어, 환경을 생각하고 사회적 책임을 다함으로써 기업의 가치를 평가받으려는 경영 방식이라고 할 수 있어요. 많은 기업가가 ESG 경영이 기업의 핵심적인 경쟁력이 되리라 생각합니다.

따라서 기업에 대한 평가는 그 기업이 에너지를 효율적으로 사용하는지, 온실가스와 오염물질이 적게 배출되도록 신재생에너지를 사용하는지, 폐기물을 책임 있게 관리하는지 등을 기준으로 이루어집니다. 현재 우리나라뿐만 아니라 미국과 유럽연합 국가들도 ESG를 본격적으로 추진하고 있어요.

　탄소중립을 위해 실제로 기업들이 ESG 경영을 어떻게 실천하는지 살펴볼까요? ESG 경영을 추구하는 많은 기업이 기후변화에 대응하고 지속 가능한 발전에 이바지하기 위해 석탄 산업을 중단하겠다고 선언했어요. 또 친환경 자동차 개발이나 수소 산업 등을 추진하여 탄소중립을 실현하고자 합니다. 이산화탄소나 플라스틱과 같은 폐기물을 재활용함으로써 순환 경제 구조화에 힘쓰는 모습도 찾아볼 수 있지요. 패션업계에는 재고 의류를 소각하지 않고 친환경적으로 처리하는 탄소제로 프로젝트를 도입해 운영하는 곳도 있어요. 분리배출이 쉽도록 생수병에 라벨을 붙이지 않는 기업도 있습니다.

　더 가까운 예를 찾아봅시다. 얼마 전까지만 해도 음식물을 배달시키면 일회용 숟가락과 젓가락이 무조건 함께 배달되었죠? 그런데 언제부터인가 희망하는 소비자에게만 일회용 수저나 젓가락을 배달하도록 운영 시스템이 바뀌지 않았나요? 이는 배달 플랫폼 운영회사가 일회용품 덜 쓰기 기능을 도입한 결과였어요. 또 많은 택배회사가 인터넷으로 주문한 물건을 배송할 때, 재활용이 가능한 소재로 제작한 친환경 택배 상자를 이용해요. 이처럼 ESG 경영은 우리의 일상생활에도 큰 영향을 미친답니다.

기업 ESG 뉴스

1. 이케아는 100% 재활용/재생 가능한 플라스틱을 사용하는 캠페인을 진행 중이다. 이케아 전체 플라스틱 제품의 3분의 1이 화석 연료 대신 옥수수, 사탕무 등과 같은 천연 재료에서 추출한 100% 재생 가능한 PLA 플라스틱이다. 이케아는 2030년까지 모든 플라스틱 제품을 재활용 및 재생 가능한 플라스틱으로 대체할 계획이다.

2. SK하이닉스는 지난 2019년 국내 기업 중 처음으로 국내외 모든 생산 거점에서 '폐기물 매립 제로ZWTL, Zero Waste to Landfill 인증'을 완료했다. 폐기물 매립 제로란 사업장에서 발생하는 폐기물을 다시 자원으로 재활용하는 비율에 따라 등급을 매기는 제도이다.

3. 풀무원은 포장 용기 중량을 초경량으로 줄이고, 모든 페트병 제품의 겉면에 물에 잘 녹는 '수분리 라벨'을 적용해 재활용을 쉽게 하였다.

4. 베트남 유통 분야 선두업체 '사이공 쿱마트Saigon Co.opmart'는 플라스틱 빨대 사용을 중단하고, 채소 포장에도 비닐봉지

대신 바나나 잎과 재활용 종이 가방을 사용하는 등 일회용 쓰레기 배출 줄이기에 적극적으로 나서고 있다. 그뿐만 아니라 제품을 제조할 때 나오는 폐기물도 모두 퇴비로 재활용한다.

5. 올리브영은 화장품 즉시 배송 서비스인 '오늘드림'의 포장재를 재활용 가능한 크라프트지로 교체했다. 또, 2015년부터 종이 영수증 대신 스마트 영수증을 도입했다. 올리브영은 UN 선정 국제 친환경 인증GRP, Guidelines for Reducing Plastic Waste(플라스틱 저감 가이드라인) 우수 등급AA을 획득했다.

6. 러쉬의 상징인 '블랙팟'은 100% 재활용된 플라스틱(폴리프로필렌)으로 만들어진 검은 용기이다. 고객들에게서 수거한 블랙팟은 공정 과정을 거쳐 새로운 블랙팟으로 만들어진다. 완전 분해 가능한 무독성 용기로 재활용할 수 있어, 생산 과정 시 환경에 유해한 물질을 배출하지 않는다는 장점이 있다. 그뿐만 아니라 제품을 제조할 때 나오는 폐기물도 모두 퇴비로 재활용한다.

7. 누적 2,000만 가입자, 월 1,400만이 이용하는 당근마켓은 일찍부터 '자원 재사용'과 '연결의 가치'라는 새로운 비즈니스

모델을 탄생시키며 중고 거래 시장을 새롭게 해석했다. 당근 마켓은 전 국민의 소비 행태를 변화시키며 자원 재사용에 대한 인식을 고취하는 데 크게 이바지했다. 그 결과 한 해 동안 재사용된 자원의 가치가 2,770만 그루의 나무를 심은 것과 같은 효과를 거뒀다.

ESG를 적극적으로 실천하는 기업을 소개하는 기사들. ESG를 경영의 핵심 가치로 삼는 기업은 점점 늘어나는 추세다.

세계적으로 유명한 기업들도 ESG 경영에 적극적으로 나섰습니다. 예를 들어 마이크로소프트는 탄소 제거 기술을 적극적으로 지원하며, 탄소 흡수량을 탄소 배출량보다 더 많게 만드는 탄소 네거티브 정책을 선도적으로 시행하고 있습니다. 아마존의 경우 배송용 차량으로 전기차를 도입했고, 재생에너지 사용률을 점차 높이고자 노력하지요. 애플의 본사는 100% 신재생에너지를 이용하는 건물로 유명합니다. 더불어 애플은 부품을 모두 재생에너지로 제조할 것을 공급업체들에 요구합니다.

자동차업계의 탄소중립 노력들

ESG 경영은 자동차 생산 기업들의 경영 전략도 크게 바꿔놓았습니다. 최근 주요 글로벌 자동차업체들은 10년 이내에 신규 판매 차량의 100%를 전기차EV, Electric Vehicles로 전환하겠다는 전략을 앞다투어 발표했어요. 글로벌 자동차업계가 전기차 전환에 박차를 가하는 이유는 각국 정부가 내연기관차 판매를 금지하는 등 환경 규제 강화를 예고했기 때문이에요. 우리나라 자동차 기업들도 내연기관차 대신 전기차와 수소차 생산을 늘리는 데 큰 노력을 기울이고 있습니다.

전기차의 가장 큰 장점은 친환경적이라는 점이에요. 전기차와 내연기관차는 차량을 움직이는 동력원에 큰 차이가 있거든요. 내연기관차는 가솔린(휘발유), 디젤(경유), LPG 등 화석 연료를 태워서 나오는 에너지로 엔진을 작동시켜요. 따라서 내연기관차는 그동안 이산화탄소, 매연, 먼지, 질소산화물, 일산화탄소 등의 환경오염 물질을 대기로 방출하는 주범 중 하나로 꼽혀왔어요. 이와 달리 전기차는 대용량 배터리에 축적된 전기를 이용해 모터를 움직입니다. 전기차는 엔진 없이 배터리와 모터만으로 차량을 구동하기 때문에, 대기오염원을 배출하지 않아요. 또 전기차에는 배기관이 없으므로 배기가스도 배출하지 않습니다.

물론 전기차가 완벽하게 환경친화적이라고 말하기는 어렵습니다. 전기차를 생산하거나 전기차를 움직이는 데 필요한 전기를 만드는 과정에서 많은 온실가스가 나오니까요. 그래도 전기차는 킬로미터 당 이산화탄소 배출량이 94.1그램인 반면, 가솔린차는 킬로미터 당 192.2그램이라고 하니, 내연기관차보다는 전기차가 온실가스 배출량을 줄이기에 더 효과적이라는 점은 확실한 것 같죠? 전기차를 한 대 보급할수록 연간 이산화탄소 배출량은 2톤이나 감축된다고 합니다.

그렇다면 수소차와 전기차의 차이점은 무엇일까요?

수소차와 전기차는 왜 친환경적일까?

수소차의 정확한 이름은 수소연료전지 자동차FCEV, Fuel Cell Electric Vehicle 입니다.* 수소연료전지 자동차는 수소를 원료로 전기를 발생시킨 후, 그 전기를 이용해 모터를 구동하는 전기 자동차예요. 일반 내연기관 자동차는 연료 탱크를 탑재해 화석 연료로 구동 에너지를 얻고, 일반 전기차는 배터리에 저장한 전기에너지를 이용해 모터를

----

*   연료 전지란 특정 연료를 이용해 전기를 생성해내는 전지를 말한다.

구동하죠? 수소차는 전기에너지를 사용한다는 점에서 전기차라고 할 수 있지만, 수소 탱크를 가진다는 점에서 내연기관 자동차의 특징도 가지는 셈입니다.

수소차는 어떻게 구동될까요? 내연기관 자동차가 주유소에 들러 휘발유를 공급받는 것처럼, 수소차는 먼저 수소 충전소에 들러 수소를 충전합니다. 수소를 탱크에 채워 넣는 거죠. 수소 탱크에 저장된 수소는 자동차 안으로 흡입되는 산소와 연료 전지에서 서로 만납니다. 연료 전지는 두 개의 전극, 두 전극 사이의 전해질막, 그리고 촉매 역할을 하는 백금으로 구성됩니다.

연료 전지에서 전기가 생산되려면 연료 전지 안에서 산화-환원 반응이 일어나야 합니다. 산화는 분자, 원자 또는 이온이 산소를 얻거나, 수소 또는 전자를 잃는 변화를 말합니다. 이와 반대로 환원은 분자, 원자, 또는 이온이 산소를 잃거나 수소 또는 전자를 얻는 변화를 말해요.

먼저 연료 전지 음극에서의 변화를 살펴보죠. 수소가 음극으로 들어오면, 백금의 촉매 작용으로 수소는 수소 이온과 전자로 분리됩니다. 음극의 수소는 전자를 잃고 수소 이온이 되었으므로, 음극에서는 산화 반응이 일어났다고 할 수 있겠죠.

음극에서 생긴 수소 이온과 전자는 모두 양극으로 이동합니다. 그런데 둘은 서로 다른 경로를 거쳐 이동해요. 먼저 수소에서 분리된

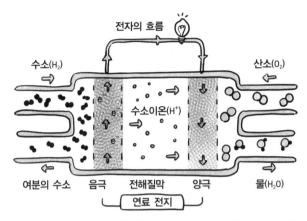

수소차 연료 전지의 구조. 수소가 반응하는 음극, 산소가 반응하는 양극, 그리고 그 사이에서 수소 이온이 이동하는 전해질막으로 구성되어 있다. 음극에서는 산화 반응이, 양극에서는 환원 반응이 일어난다.

전자가 외부 도선을 따라 양극 쪽으로 흐르면서 전기가 발생합니다. 생산된 전기는 모터를 작동시켜 자동차를 움직이는 데 사용됩니다.

그 사이 수소 이온은 전해질막을 통해 양극으로 이동합니다. 그러면 양극에서는 외부에서 들어온 산소, 전해질막을 따라 이동해 온 수소 이온, 도선을 따라 이동해 온 전자가 만나 물과 열이 생성되죠. 산소가 전자를 얻었으니, 양극에서는 환원 반응이 일어났다고 할 수 있어요.

음극(산화 반응): $2H_2 \rightarrow 4H^+ + 4e^-$

양극(환원 반응): $O_2 + 4e^- + 4H^+ \rightarrow 2H_2O + 열$

화학의 눈으로 보면 녹색지구가 펼쳐진다

수소연료전지 자동차는 생성물로 물과 에너지만 나오기 때문에 100% 무공해 차량이라고 생각하기 쉬워요. 문제는 수소가 우주에 가장 많은 원소이기는 하지만, 자연 상태에서 순수한 형태로 존재하지 않는다는 점이에요. 수소를 자동차 연료로 사용하려면 물, 화석 연료(주로 천연가스), 바이오매스 등에서 수소를 분리해내야 하는데, 그 과정에서 온실가스가 발생한다는 점은 기억하는 게 좋겠습니다.

2021년 3월 기준 우리나라의 수소차 보급은 1만 2,439대로 세계 1위라고 해요. 탄소 배출량의 감축이 전 지구적 과제인 만큼, 수소차와 전기차 시장이 앞으로 어떻게 변화할지 유심히 지켜보는 것도 좋을 듯합니다.

플라스틱, 버리면 쓰레기이지만
재활용하면 새것이 된다

<플라스틱, 바다를 삼키다>(2016)라는 영화가 있습니다. 원제목이 <A Plastic Ocean>인 이 장편 다큐멘터리 영화는 오스트레일리아 태생의 영화감독 크레이그 리슨이 만들었어요. 이 영화에서 리슨 감독은 우리가 사용하고 버린 플라스틱이 바다와 지구 생태계를 어떻게 위협하는지를 잘 보여주었어요. 소화 기관이 거대한 비닐로 막혀 끔찍한 고통 속에 죽어간 고래, 태평양 거대 쓰레기 지대에 떠다니는 미세플라스틱, 어린아이들의 몸속에서 발견되는 환경 호르몬 등을 통해 리슨 감독은 플라스틱을 쓰레기통에 버리는 행동만으로 플라스틱이 사라졌다고 생각하는 사람들에게 경종을 울립니다. 대부분 한 번만 사용하고 버려지는 플라스틱은 형태만 바뀌었을 뿐 여전히 지구상에 존재한다는 사실을 드러낸 것이죠.

화학의 눈으로 보면 녹색지구가 펼쳐진다

결국 모두가 노력해야 결실로 이어진다

이 영화의 미덕은 플라스틱 쓰레기의 실상을 보여주는 데서 끝나지 않고, 버려진 플라스틱을 회수하거나 재활용하려는 사람들의 노력을 함께 보여준다는 데 있습니다. 영화에 등장한 사례를 몇 가지만 살펴볼까요? 탑승자가 약 4,500명에 이르는 미 해군 항공모함에서는 배에서 매일 배출되는 엄청난 양의 플라스틱 쓰레기를 '플라스마 토치plasma torch'라는 장치를 이용해 탄소·수소·산소와 같은 핵심 원소core elements로 되돌림으로써 쓰레기 문제를 해결합니다.

1991년 독일에서는 플라스틱을 제조한 회사가 플라스틱 수거와 처분까지 책임져야 한다는 '포장관련법'이 통과되었어요. 또, 독일은 플라스틱 병 보증금 제도를 시행하고 있어요. 소비자가 보증금 25센트를 받고 플라스틱 병을 소매업자에게 팔면, 소매업자가 구매한 플라스틱 병들을 재활용 처리업체에 돈을 받고 되파는 시스템을 도입한 것이죠. 이 제도는 성공적인 플라스틱 재활용으로 이어졌어요.

리슨 감독이 소개한 또 다른 예로 '플라스틱 은행'을 들 수 있어요. 플라스틱 은행은 사람들이 플라스틱을 회수해서 맡기면, 그 대가로 현금을 계좌에 송금해주는 은행이에요. 이 은행은 플라스틱을 수거하는 동시에 가난한 사람들의 경제적 자립도 지원하겠다는 의도로 설립되었지요. 실제로 아이티에서는 수거한 플라스틱을 휴대전화

오션클린업이 디자인한 태평양 거대 쓰레기 지대 플라스틱 쓰레기 수거 장치

태양열 충전기, 친환경 버너, 현금 등으로 바꿔주는 플라스틱 재활용 시스템을 가동합니다.

플라스틱 은행을 통해 수거된 플라스틱은 재활용 처리 과정을 거쳐서 '사회적 플라스틱'으로 판매됩니다.[*] 그렇다면 태평양 거대 쓰레기 지대의 플라스틱은 어떻게 수거할 수 있을까요?

오션클린업Ocean Cleanup Foundation이라는 단체는 플라스틱이 강에서 바다로 유입되지 못하도록 차단하고 이미 바다에 쌓인 플라스틱을 제거할 기술을 개발하기 위해 2013년에 설립된 비영리 조직으로, 90명 이상의 엔지니어, 연구원, 과학자, 컴퓨터 모델링 전문가가

---

[*] 플라스틱에너지Plastic Energy라는 회사는 수명이 다해서 재활용이 불가능한 플라스틱을 디젤 연료로 바꾼다.

소속되어 있습니다. 이 단체는 인공적인 해안선을 만들어 태평양 거대 쓰레기 지대의 소용돌이에 갇힌 플라스틱을 모으는 방법을 고안해냈어요. 앞의 사진과 같이 알파벳 U자 모양으로 생긴 800미터 길이의 긴 장벽을 설치하고 양쪽에서 두 대의 견인선이 장벽을 끌고 가면서 플라스틱이 장벽 안쪽 끝에 모이게 하는 방법이지요.

'패스트패션'에 대항하는 패션업계

그렇다면 이렇게 수거한 플라스틱은 구체적으로 어떻게 재활용될까요? 예를 들어보죠. 우리가 수거한 페트병은 옷을 만드는 데 이용할 수 있습니다. 실제 스포츠 의류업계에서는 폐플라스틱을 원료로 운동선수들의 유니폼을 만들어요. 1부에서 살펴보았던 것처럼, 유니폼의 원단인 폴리에스터와 페트병은 모두 페트라는 플라스틱으로 만들어집니다. 따라서 페트병을 녹여 실을 뽑아내 폴리에스터 섬유를 만들면, 이를 이용해 유니폼을 만들 수 있답니다.

플라스틱 재활용 기술과 더불어 바이오 플라스틱bio-plastic또한 주목해볼 만합니다. 플라스틱이 잘 분해되지 않는 이유는 플라스틱이 자연에는 없는 구조로 만들어진 화학물질이기 때문이에요. 한마디로 플라스틱을 먹어서 분해할 수 있는 미생물이 없는 거죠. 과학자들은 미생물이 분해할 수 있는 플라스틱을 만들고자 노력했고, 그 결과 바이오 플라스틱이 탄생했습니다.

바이오 플라스틱 중에서도 가장 큰 관심을 받는 플라스틱은 썩는 플라스틱, 즉 생분해성 플라스틱biodegradable plastic이에요. 생분해성 플라스틱은 박테리아나 조류, 곰팡이와 같은 미생물에 의해 분해되는 플라스틱입니다. 미생물이 효소를 분비해 플라스틱을 저분자로 쪼갠 후, 이 저분자 플라스틱을 체내로 흡수해 분해하는 원리죠. 이 방법을 이용하면 플라스틱을 100% 분해할 수 있어요.

가장 널리 사용되는 생분해 플라스틱은 PLAPoly Lactic Acid(폴리락타이드)라는 플라스틱이에요. 옥수수나 사탕수수에서 포도당을 추출한 뒤 발효하면 젖산이 만들어지는데, PLA는 바로 이 젖산을 원료로 만든 플라스틱입니다. 최근에는 코로나-19의 장기 유행으로 마스크가 심각한 환경 문제로 등장하면서, 마스크 필터를 생분해성 플라스틱으로 제작하는 방법도 개발되었어요.

버려진 플라스틱을 재활용하는 기술이나 생분해성 플라스틱을 개발하는 핵심 목적은 무엇일까요? 이러한 노력은 모두 지구 시스템의 물질 순환 과정, 또는 지구의 생태적 순환고리에서 빠져나와 육지와 바다를 뒤덮은 플라스틱을 다시 원래의 물질 순환 과정에 맞게 집어넣으려는 시도라고 할 수 있어요. 역시 자연이 보여주는 해결책을 따라 하는 게 답입니다.

앞으로 우리 무엇부터 할까요?

지금까지 우리는 일상에서 매일 만나는 화학물질에서 시작하여, 그러한 화학물질들이 지구 생태계와 물질 순환에 미치는 영향을 알아보았고, 이후에는 물질 순환의 개념을 중심으로 지구 시스템을 되살리고 지속 가능성을 회복하기 위한 여러 노력을 살펴보았습니다. 그렇다면 우리도 가만히 있을 수만은 없겠죠? 지구환경을 위해 우리는 무엇을 실천할 수 있을까요?

1. 선택에 놓였을 때 지구의 물질 순환을 떠올리자

실제로 우리가 지구를 위해 할 수 있는 매일의 실천은 너무나 많습니다. 그런데 우리의 실천이 옳은지 또는 지구에 도움이 되는지 판단할 수 있으려면 판단 기준이 있어야겠죠? 가장 중요한 기준은 자신의 선택이 생태계 물질 순환을 회복하는 데 도움이 되는지입니다.

기준을 적용할 수 있으려면 우리는 우리가 구매하고 사용하는 제품들이 지구 시스템의 작동 방식에 도움을 주는지 주지 않는지 판단할 수 있는 힘을 길러야 합니다.

플라스틱을 예로 들어 생각해보죠. 지구 시스템의 균형을 유지할 가장 좋은 방법은 무엇일까요? 바로 플라스틱 사용량을 줄이고, 버리는 양도 줄이는 것입니다. 사용량을 줄이면 만드는 양도 줄어들 테니, 플라스틱을 만들 때 배출되는 이산화탄소의 양을 줄일 수 있습니다. 버리는 양을 줄이면 지구 어딘가에 쌓여 건강한 생태계를 위협하는 플라스틱 쓰레기를 줄일 수 있겠죠.

여기서 우리가 할 수 있는 일은 재사용과 재활용입니다. 플라스틱은 물에 잘 씻기만 하면 새것처럼 다시 사용할 수 있습니다. 또 오염된 플라스틱은 녹여서 재활용할 수도 있어요. 플라스틱을 재활용하는 공정은 플라스틱을 처음 만들 때와 비교하면 연료를 훨씬 덜 사용하기 때문에 비용도 싸고 오염도 덜 일으킵니다.

요즈음은 재활용 쓰레기를 배출할 때 페트병을 깨끗이 씻은 후 병에 붙은 라벨을 모두 떼고 배출하라고 합니다. 이는 플라스틱을 원활하게 재활용하는 데 매우 중요해요. 페트병은 페트로 만들어지지만, 페트병의 뚜껑은 폴리에틸렌으로, 라벨지는 폴리프로필렌으로 만들어지거든요. 각기 다른 플라스틱이 섞이면 재활용이 어려우니, 페트병을 버릴 때는 뚜껑과 라벨지를 잘 분리해서 버려야 합니다.

마치며

이처럼 판단 기준을 물질의 순환과 지구 시스템 회복에 두면, 우리는 누가 시켜서가 아니라 자신의 판단에 따라 지구를 오염하지 않는 좋은 결정을 내릴 수 있을 겁니다.

2. 지구를 살리는 작은 실천들을 생각해보자

지구를 해치는 사람이 되고 싶은 사람은 없을 겁니다. 지구를 위하는 사람이 될지, 아니면 지구를 해치는 사람이 될지는 우리 스스로 결정할 수 있습니다. 만약 지구의 일원으로서 지구 생태계 회복에 도움을 주는 사람이 되기로 했다면, 주변에서 이루어지는 환경 사랑 운동이나 세계적인 환경 운동의 동향에 관심을 기울여볼 수 있을 것입니다.

그 한 예로 제로웨이스트zero waste 운동에 참여해볼 수 있습니다. 제로웨이스트 운동은 말 그대로 플라스틱이나 일회용품과 같은 쓰레기를 제로로 만들자는 운동입니다. 일회용품 대신 재사용이 가능한 제품을 사용하고, 일상에서 사용한 제품을 재활용하며, 가능한 한 폐기물을 퇴비화하여 쓰레기를 최소화하려는 사회운동이지요.

그렇다면 우리가 실천할 수 있는 제로웨이스트 운동에는 구체적으로 어떤 방법들이 있을까요? 한 가지 예로, 우리가 주로 사용하는 튜브형 치약 대신에 고체 치약을 사용할 수 있어요. 고체 치약은

제로웨이스트 실천법 '5R'

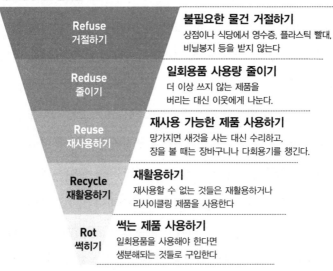

Refuse 거절하기	**불필요한 물건 거절하기** 상점이나 식당에서 영수증, 플라스틱 빨대, 비닐봉지 등을 받지 않는다
Reduse 줄이기	**일회용품 사용량 줄이기** 더 이상 쓰지 않는 제품을 버리는 대신 이웃에게 나눈다.
Reuse 재사용하기	**재사용 가능한 제품 사용하기** 망가지면 새것을 사는 대신 수리하고, 장을 볼 때는 장바구니나 다회용기를 챙긴다.
Recycle 재활용하기	**재활용하기** 재사용할 수 없는 것들은 재활용하거나 리사이클링 제품을 사용한다
Rot 썩히기	**썩는 제품 사용하기** 일회용품을 사용해야 한다면 생분해되는 것들로 구입한다

비 존슨이 제로웨이스트학 개론에서 제시한 5R원칙

제로웨이스트 운동의 다섯 가지 실천법(5R). 상점이나 식당에서 주는 플라스틱 빨대나 비닐봉지를 거절하고, 장을 볼 때는 장바구니를 가져가는 등 일회용품 사용을 줄이고, 재활용이 가능한 물건들을 사용하거나 쉽게 썩어 분해될 수 있는 제품을 사용하는 등이 이러한 실천에 해당한다.

씹는 치약이라고도 불리는데, 치약이 알약처럼 되어 있어서 한 알씩 꺼내 입에 넣고 씹으면 된답니다. 씹는 과정에서 고체 치약이 침과 섞여 튜브 치약 같은 상태로 바뀌면, 그때 칫솔로 닦아주면 되는 거죠.

고체 치약은 대표적인 제로웨이스트 제품이에요. 플라스틱 튜브

마치며

를 사용하지 않는 치약이니 플라스틱 폐기물의 양을 줄이기에 아주 효과적이죠. 또 플라스틱 튜브를 만들 때 배출되는 이산화탄소의 양도 줄일 수 있으니 일석이조, 일거양득이라고 할 수 있어요. 여행 갈 때 사용해도 아주 좋을 것 같네요.

고체 치약과 비슷한 제로웨이스트 제품으로 고체 샴푸도 있어요. 고체 샴푸, 또는 샴푸바는 비누처럼 생긴 샴푸입니다. 이 제품 역시 플라스틱 샴푸 용기를 쓰지 않으니 쓰레기양을 줄이는 데 효과가 아주 좋습니다. 만약 고체 샴푸 사용이 불편하다면, 현재 사용하는 샴푸 용기에 내용물만 다시 채워서 쓰는 방법도 괜찮아 보이네요. 리필 스테이션을 운영하는 화장품 회사도 있다고 하니, 인터넷에서 한번 검색해보면 어떨까요?

제로웨이스트 운동에 참여하는 사람들은 플라스틱 칫솔도 사용하지 않으려고 노력합니다. 대신 이들은 대나무로 만든 칫솔을 사용해요. 대나무는 플라스틱보다 생분해가 빠르고 제조할 때 특별한 화학물질을 첨가하지 않아도 되기 때문에 지속 가능한 자원으로 주목받고 있답니다.

이처럼 건강한 지구를 꿈꾸며 노력하는 많은 사람을 이정표 삼아 함께 실천해본다면, 우리는 지구에 도움을 주는 사람이 되는 기쁨을 점점 더 많이 누리게 될 거에요. 물론 제로웨이스트 운동에 참여한다고 지금까지 멀쩡하게 잘 쓰던 제품을 버리고 당장 친환경 제품을 사용할 필요는 없습니다. 그 또한 낭비이니, 현재 사용하는 제품의 쓰임이 제로가 된 다음에 친환경 제품으로 대체하는 게 좋겠지요?

3. 자기 권리를 아는, 꼼꼼히 따져보는 소비자가 되자

지구를 살리는 사람이 되기 위해서는 제품을 사용하는 소비자로서 늘 깨어 있는 자세가 필요합니다. 그러지 않으면 결국 피해는 우리 모두가 감당해야 하기 때문입니다.

먼저 제품을 고를 때 어느 제품이 더 환경친화적인지에 늘 관심을 기울여야 합니다. 예를 들어 음료수를 사 먹을 때, 알루미늄 캔에 담긴 음료보다는 이왕이면 철로 만든 스틸 캔에 든 음료를 마시는 건 어떨까요? 스틸 캔은 알루미늄 캔보다 더 환경친화적이고, 재활용률도 훨씬 높습니다. 스틸 캔은 자석에 달라붙는 성질이 있어서 다른 것과 섞여 있어도 쉽게 분리해낼 수 있기 때문이지요.

또 가전제품을 고를 때, 소비 전력이 낮은 제품을 사용하면 에너지 소비량을 줄여 궁극적으로 온실가스 배출량을 줄이는 데 공헌할 수 있을 거예요. 물을 사서 마실 때도 이왕이면 친환경 생분해성 소재로 만든 페트병에 담긴 물을 사 마시면 더 좋겠죠.

소비자로서 소비를 잘하는 일도 중요하지만, 제품을 만들어 파는 기업이나 정부에게 친환경적인 제품과 정책을 요구하는 일도 중요합니다. 우리에게는 더 건강하고 안정된 지구환경에서 살아갈 권리가 있으니까요.

예를 들어볼까요? 우리는 철강 공장이나 시멘트 공장, 플라스틱 제조 공장에서 배출되는 이산화탄소가 어떻게 처리되는지 관심을 가지고 지켜볼 수 있습니다. 또 기업에 플라스틱 제품을 만들어 파는 데만 관심을 두지 말고 그것을 처리하는 과정까지 책임지라고 요구할 수 있겠지요. 그뿐만 아니라, 기업들이 ESG를 잘 실천하는지 감시하고, 기업에 사회적 책임을 다하라고 요구할 수도 있습니다.

마찬가지로 우리는 정부가 탄소 감축 약속을 제대로 이행하는지 민감하게 살펴야 합니다. 선거 때 환경 정책을 책임감 있게 잘 실천할 수 있는 사람을 지지하는 것도 환경을 살리는 중요한 실천이 될 수 있습니다. 예를 들어 생분해 플라스틱을 살펴보죠. 현재 우리나라에서는 시중에 유통된 생분해성 플라스틱의 70% 이상이 소각되어 버려진다고 합니다. 생분해성 플라스틱 전용 매립장이 없어서입니다. 생분해성 플라스틱이 생분해될 기회를 얻지 못한 채 태워지는 것이죠.

그러니 소비자로서 우리는 플라스틱 생산자들에게 플라스틱으로 얻은 이윤으로 전용 매립장을 만들라고 요구할 수 있습니다. 또 정부에게는 플라스틱 생산자들이 플라스틱의 처리까지 책임지는 정책을 만들라고 목소리를 낼 수 있어야 합니다. 깨어 있는 소비자가 많아지면, 결과적으로 지구는 더 건강해질 테니까요.

4. 인류애적인 관점을 갖자

더 나아가 인류애에 기반을 둔 환경 의식을 가지면 좋을 것입니다. 우리가 지속 가능한 발전을 이야기하는 이유 중 하나는 현재 세대의 잘못으로 미래 세대가 피해를 볼까 봐 염려하기 때문입니다. 하지만 이는 동시대인에게도 마찬가지입니다. 현재 지구 대기를 오염하는 물질은 주로 잘 사는 선진국들이 내보낸 것들입니다. 선진국들은 그동안 화석 연료를 이용한 산업화로 경제 성장을 이루었어요. 어찌 보면 일부 국가들이 배출한 이산화탄소 때문에 가난한 나라의 사람들에게까지 피해가 커진 셈이지요.

그런데 산업화가 가져다주는 혜택을 미개발국 사람들도 누릴 권리가 있지 않을까요? 그들에게 화석 연료 사용을 줄이거나 포기하라고 하는 것이 옳은 일일까요? 오히려 산업화의 혜택을 보지 못한 사람들에게는 석탄화력발전소나 원자력발전소 등을 지어 전기를 싸게 공급해주는 일이 더 시급하지는 않을까요? 아니면 에너지를 효율적으로 생산할 수 있는 기술이나 자원을 지원해주는 방법은 어떨까요?

그러니 시야를 넓혀서, 어떻게 하면 지구환경을 살리면서도 동시에 되도록 많은 사람의 삶의 질을 올릴 수 있을지를 고민해보는 일도 인류애의 관점에서 꼭 필요합니다.

마치며

5. 늦지 않았다는 희망을 품자

이 책에서 우리는 지구 시스템 회복을 위해 시도되는 많은 대안을 살펴보았습니다. 과학자들의 녹색화학 연구, 기업의 ESG 경영, 각국 정부의 이산화탄소 배출량 감축 노력뿐만 아니라, 버려진 플라스틱 쓰레기를 수거하고 배출되는 쓰레기의 양을 줄이려는 여러 민간단체의 노력, 그리고 우리 같은 평범한 사람들이 일상에서 매일 실천하는 작은 한걸음들까지 말이에요. 굳이 어떤 노력을 하지 않았더라도, 배달 음식이 담겼던 플라스틱 통을 쓰레기통에 버릴 때나 과대한 포장지를 볼 때 왠지 모를 죄책감을 느껴본 적이 있다면, 그것으로도 일단 시작한 셈이라고 할 수 있어요.

물론 지구 시스템의 물질 순환 회복을 위한 수많은 노력이 효과를 보지 못하는 것처럼 보일 수도 있습니다. 생분해성 플라스틱 제품을 만들어도 사용하는 사람도 별로 없고 매립할 곳도 없어서 결국 소각되어 버리는 현실이나, 수소차가 만들어져도 충전소가 부족해 수소차 타기를 포기하는 현실처럼 말이죠.

하지만 지금도 누군가는 건강한 지구를 위해 애쓰고 있다는 점을 기억해야 합니다. 지구를 사랑하는 마음으로 우리가 사는 지구를 따스하게 바라보는 사람들, 지구 시스템의 물질 순환 이론을 교과서에서 끌고 나와 지구를 회복할 실천 원리로 삼는 사람들, 매일 한가지

씩이라도 지구환경에 의미 있는 행동을 하는 사람들. 그런 사람들이 있는 한 우리에게는 절망보다는 희망이 더 큽니다. 그리고 그 희망은 바로 여러분의 동참으로 더 커질 수 있을 거예요.

마치며

참고자료

도서

· American Chemical Society, *Chemistry in Context: Applying chemistry to Society*, 교재연구회 옮김, 《환경과 생활 속의 화학》 (자유아카데미, 2006)

· Anastas, Paul T and Eghbali, Nicolas, "Green chemistry: principles and practice", *Chemical Society Reviews* 39.1 (2010), 301-312.

· Anastas, Paul T and Warner, John C., *Green Chemistry: Theory and Practice*, 이덕환 옮김, 《녹색화학: 더 푸른 지구를 위한 새로운 패러다임》, (한승, 2000)

· Andrady, Anthony L. and Mike A. Neal, "Applications and societal benefits of plastics", *Philosophical Transactions of the Royal Society B: Biological Sciences* 364.1526 (2009), 1977-1984.

· Berners-Lee, Mike, *How bad are Bananas?: the carbon footprint of everything*, 노태복 옮김, 《거의 모든 것의 탄소 발자국》, (도요새, 2011)

· Commoner, Barry, *The Closing Circle: Nature, Man & Technology*, 고동욱 옮김, 《원은 닫혀야 한다: 자연과 인간과 기술》, (이음, 2014)

· Bell. Robin E., Seroussi, Helene, "History, mass loss, structure, and dynamic behavior of the Antarctic Ice Sheet", *Science* Vol. 367, Issue 6484 (2020), 1321-1325.

· Byrne, Michael P. and O'Gorman, Paul A., "Trends in continental temperature and humidity directly linked to ocean warming", *Proceedings of the National Academy of Sciences* 115.19 (2018), 4863-4868.

· Cook. John, Oreskes. Naomi, Doran. Peter T., Anderegg, William R L., Anderegg, Verheggen, Bart, Maibach, Ed W., Carlton, J. Stuart, Lewandowsky, Stephan, Skuce, Andrew G., Green, Sarah A., "Consensus on consensus: a synthesis of consensus estimates on human-caused global warming", *Environmental Research Letters* 11 048002 (2016)

· DeConto, R.M., Pollard, D., Alley, R.B. et al., "The Paris Climate Agreement and future sea-level rise from Antarctica", *Nature* 593 (2021), 83-89

· Durning, Alan T. and Ryan, John C., *Stuff: The Secret Lives of Everyday Things*, 고문영 옮김, 《녹색시민 구보 씨의 하루: 일상용품의 비밀스러운 삶》, (그물코, 2002)

· Flannery, Tim, *We are the Weather Makers: The Story of Global Warming*, 이충호 옮김, 《지구온난화 이야기》, (지식의풍경, 2007)

· Foster, Gavin L., Royer, Dana L. and Lunt Daniel J., "Future climate forcing potentially without precedent in the last 420 million years", *Nature communications* 8.1 (2017), 1-8.

· Gates, Bill, *How to Avoid a Climate Disaster: The Solutions We Have and the Breakthroughs We Need*, 김민주, 이엽 옮김, 《빌 게이츠, 기후재앙을 피하는 법: 우리가 가진 솔루션과 우리에게 필요한 돌파구》, (김영사, 2021)

· Geyer, Roland, Jambeck, Jenna R. and Law, Kara Lavender, "Production, use, and fate of all plastics ever made", *Science advances* 3.7 e1700782 (2017)

· Giddens, Anthony, *The Politics of Climate Change*, 홍욱희 옮김, 《기후변화의 정치학》, (에코리브르, 2009)

· Gore, Al, *An Inconvenient Truth*, 김명남 옮김, 《불편한 진실》, (좋은생각, 2006)

· Jia, Xiangqing, Qin, Chuan, Friedberger, Tobian, Guan, Zhibin and Huang Zheng, "Efficient and selective degradation of polyethylenes into liquid fuels and waxes under mild conditions", *Science Advances* 2:6 e1501591 (2016)

· John Hudson, *The History of Chemistry*, 고문주 옮김, 《화학의 역사》, ((주)북스힐, 2005)

· Lebreton, Laurent, et al., "River plastic emissions to the world's oceans", *Nature communications* 8.1 (2017), 1-10.

· Lebreton, Laurent, et al., "Evidence that the Great Pacific Garbage Patch is rapidly accumulating plastic", *Scientific reports* 8.1 (2018), 1-15.

· Lu, Y., Yuan, J., Du, D., Sun, B., and Yi, X., "Monitoring long-term ecological impacts from release of Fukushima radiation water into ocean", *Geography and Sustainability* 2(2) (2021), 95-98.

· Mädefessel-Herrmann, Kristin, Hammar, Friederike and Quadbeck-Seeger, Hans-Jürgen, *Chemie Rund Um Die Uhr*, 권세훈 옮김, 《화학으로 이루어진 세상》, (에코리브르, 2007)

· Margulis, Lynn, *Symbiotic Planet*, 이한음 옮김, 《공생자 행성: 린 마굴리스가 들려주는 공생 진화의 비밀》, (사이언스북스, 2007)

참고자료

· McCallum, Will, *How to Give up Plastic*, 하인해 옮김, 《플라스틱 없는 삶》, (북하이브, 2019)

· Molina, M. and Rowland, F., "Stratospheric sink for chlorofluoromethanes: chlorine atom-catalysed destruction of ozone", *Nature* 249 (1974), 810–812.

· Bowler, Peter J. and Morus, Iwan R., *Making Modern Science: A Historical Survey*, 김봉국·홍성욱 책임번역, 《현대과학의 풍경》, (궁리, 2008)

· Reay, Dave, *Climate Change Begins at Home*, 이한중 옮김, 《너무 더운 지구》, (바다출판사, 2009)

· Shellenberger, Michael, *Apocalypse Never: Why Environmental Alarmism Hurts Us All*, 노정태 옮김, 《지구를 위한다는 착각》, (부·키, 2021)

· Sivakumar, M. V. K., "Interactions between climate and desertification", *Agricultural and Forest Meteorology* Volume 142, Issues 2–4 (2007), 143-155.

· Snæbjörnsdóttir, Sandra Ó., Sigfússon, Bergur, Marieni, Chiara, Goldberg, David, Gislason, Sigurður R., and Oelkers, Eric H., "Carbon dioxide storage through mineral carbonation", *Nature Reviews Earth & Environment* Volume 1 (2020), 90–102.

· Stewart, Ian C. and Lomont, Justin P. *The Handy Chemistry Answer Book*, 곽영직 옮김, 《한 권으로 끝내는 화학》, (지브레인, 2017)

· Tcharkhtchi, A., Abbasnezhad, N., Zarbini Seydani, M., Zirak, N., Farzaneh, S., and Shirinbayan, M., "An overview of filtration efficiency through the masks: Mechanisms of the aerosols penetration", *Bioactive Materials* 6 (2021), 106-122.

· Warner, John C., Cannon, Amy S., Dye, Kevin M., "Green chemistry", *Environmental Impact Assessment Review* Volume 24, Issues 7–8 (2004), 775-799.

· Weart, Spencer R., The Discovery of Global Warming, 김준수 옮김, 《지구 온난화를 둘러싼 대논쟁》, (동녘사이언스, 2012)

· White, Lynn., "The historical roots of our ecologic crisis", *Science* 155.3767 (1967), 1203-1207.

· Zimov, Sergey A., Schuur, Edward AG and Chapin III, F. Stuart, "Permafrost and the global carbon budget", *Science(Washington)* 312.5780 (2006), 1612-1613.

· 강신호, 《왜 플라스틱이 문제일까? 10대에게 들려주는 플라스틱 이야기》, (반니, 2021)

· 고명찬·이승호, 〈한국의 도시 규모별 습도 변화에 관한 연구〉, 《대한지리학회지》 제48권 제1호 (2013), 19-36.

· 김경렬 등 지음, 재단법인 카오스 편집, 《지구인도 모르는 지구》, (반니, 2017)

· 김민경, 《우리 집에 화학자가 산다: 김민경 교수의 생활 속 화학 이야기》, (휴머니스트, 2019)

· 김민주, 〈화석연료보조금에 관한 국제법 논의〉, 《환경법과 정책》 제21권 (2018), 1-52.

· 김은성, 현서은, 이기선, 김기섭, 〈이온성 액체 연구 동향〉, 《NICE》 제32권 제1호 (2014), 56-64.

· 김종호, 〈화석연료보조금 현황 및 개편〉, 《한국환경정책·평가연구원 KEI 포커스》 제6권 제13호 (2018), 1-14.

· 김주은, 안광진, 〈폐플라스틱 분해를 위한 알칸 교차 복분해 반응〉, 《Korean Industrial Chemistry News》 24:2 (2021), 22-30.

· 김추령, 《내일 지구: 과학교사 김추령의 기후위기 이야기》, (빨간소금, 2021)

· 박준우, 《아나스타스가 들려주는 녹색 화학 이야기》, (자음과 모음, 2011)

· 스테펜 크롤 지음, 공해추방운동청년협의회 옮김, 《인간해방을 위한 생태학》, (온누리, 1988)

· 사토 겐타로 지음, 권은희 옮김, 《탄소 문명: "원소의 왕자", 역사를 움직인다.》, (까치, 2015)

· 서예원·이순선·하경자, 〈한반도 주요 세 도시의 온도와 상대습도에 나타난 변화〉, 《기후연구》 제5권 제3호 (2010), 175-188.

· 심규철 외, 《통합 과학》, (비상교육, 2017)

· 요시다 타카요시, 박현미 옮김, 《주기율표로 세상을 읽다》, (해나무, 2017)

· 원정현, 《세상을 바꾼 우주》, ((주)리베르, 2018)

· 원정현, 《세상을 바꾼 화학》, ((주)리베르, 2018)

· 원정현, 〈기후변화 교육〉, 《과학기술과 사회》 제2호 (2022), 69-95.

· 이덕환, 〈화학의 역사(도서 소개)〉, 《과학과 기술》 (2005), 106-107.

· 이준웅, 〈녹색화학 기술 동향〉, 《한국군사과학기술학회지》 14.2 (2011), 246-263.

· 이준웅, 〈녹색용매 기술 동향〉, 《한국군사과학기술학회지》 15.4 (2012), 475-491.

· 이창근, 〈이산화탄소 포집기술 최신 개발 현황〉, 《공업화학 전망》 제12권 제1호 (2009), 30-42.

· 전창림, 《화학, 인문과 첨단을 품다》, (한국문학사, 2019)

보고서

- Greenpeace 독일사무소 보고서, 〈후쿠시마 제1 원전 오염수 위기〉 (2019)
- IPCC(Intergovernmental Panel on Climate Change), "Global Warming of 1.5℃: Summary for Policymakers" (2018)
- KOTRA(Korea Trade-Investment Promotion Agency), 《해외 기업의 ESG 대응 성공사례》 (2021), 1-41.
- United Nations, "Transforming our World: The 2030 Agenda for Sustainable Development" (2015), 1-41.
- 기상청, 《지역 기후변화보고서:서울》 (2011)
- 김규원 외(한국과학기술한림원), 《플라스틱 오염 현황과 그 해결책에 대한 과학기술 정책》 (2018), 1-157.
- 김동엽·이창환(한국과학기술정보연구원), 《토양탄소의 저장과 지구온난화 방지》 (2005)
- 서울특별시, 《생활 속 화학물질 안전하게 사용하기》 (2014)
- 시민방사능감시센터·환경운동연합, 〈2020년 일본산 농수축산물 방사능 오염 실태 분석 보고서〉 (2021)
- 월드워치연구소 엮음, 생태사회연구소 옮김, 《2008 지구 환경 보고서: 탄소 경제의 혁명》 (2008)
- 환경부, 《환경보전에 관한 국민의식조사 결과보고서》, (2019)
- 환경부 대변인실, 《리협정 길라잡이》, (2016)
- 환경부 온실가스 종합정보센터, 《2020년 국가 온실가스 인벤토리 보고서(National Inventory Report, NIR)》 (2019)

인터넷 사이트

- American Chemical Society https://www.acs.org/
- BBC 뉴스 코리아 https://www.bbc.com/korean
- BluGreen https://www.youtube.com/watch?v=FdZXRZ3-zZs
- Britannica https://www.britannica.com
- Environmental Protection Agency(United States) https://www.epa.gov

· Carbon Brief https://www.carbonbrief.org/

· CCSA https://www.ccsassociation.org/

· Greenpeace https://www.greenpeace.org/korea

· Met Office(영국 기상청) https://www.metoffice.gov.uk/

· NASA https://www.nasa.gov/

· NASA Global Climate Change https://climate.nasa.gov/

· National Academy of Sciences http://www.nasonline.org

· National Geographic https://www.nationalgeographic.org

· Newswise https://www.newswise.com(14-Jul-2017)

· Royal Society of Chemistry https://pubs.rsc.org/

· Soil Science Society of America https://www.soils.org/

· The Magazine of the Sierra Club https://www.sierraclub.org

· The National Wildlife Federation https://www.nwf.org/

· The Nobel Prize https://www.nobelprize.org

· The Ocean CleanUp Foundation https://theoceancleanup.com

· The Plastics Historical Society http://plastiquarian.com

· The Science Times(한국과학창의재단) https://www.sciencetimes.co.kr

· United Nations Department of Economic and Social Affairs https://sdgs.un.org/

· World Health Organization(WHO) https://www.who.int

· World Meteorological Organization https://public.wmo.int/en

· 과학문화포털 사이언스올 https://www.scienceall.com

· 교육부 공식 블로그 https://if-blog.tistory.com

· 국가법령정보센터 law.go.kr/

· 국가지표체계(K indicator) http://www.index.go.kr

· 국민재난안전포털 https://www.safekorea.go.kr/

· 기상청 http://www.climate.go.kr

· 기초과학연구원 https://www.ibs.re.kr

· 기후변화 홍보포털 https://www.gihoo.or.kr/portal/kr

참고자료

- 뉴스타파 https://newstapa.org/
- 대한민국 국가지도집 http://nationalatlas.ngii.go.kr/
- 대한민국 정책브리핑 https://www.korea.kr/special
- 대한화장품협회 https://kcia.or.kr
- 대한화학회 http://new.kcsnet.or.kr
- 동아일보(인터넷) https://www.donga.com/
- 동아사이언스 http://dongascience.donga.com
- 매일경제 https://www.mk.co.kr/
- 생활환경안전정보시스템 초록누리 https://ecolife.me.go.kr/
- 서울신문 https://www.seoul.co.kr/
- 에코타임스 http://www.ecotiger.co.kr/
- 엘지아이언스랜드(LG Science Land) https://www.lgsl.kr/
- 의학신문 http://www.bosa.co.kr
- 이웃집과학자 http://www.astronomer.rocks/
- 지속가능발전포털 http://ncsd.go.kr/definition
- 질병관리청 국가건강정보포털 https://health.kdca.go.kr
- 코로나바이러스감염증-19(COVID-19) http://ncov.mohw.go.kr/
- 포스코 뉴스룸(POSCO Newsroom) https://newsroom.posco.com/kr
- 프레시안 https://www.pressian.com/
- 한겨레 환경전문 웹진 http://ecotopia.hani.co.kr
- 한국과학기술원 전북분원 복합소재기술연구소 https://jb.kist.re.kr
- 한국석유공사 공식 블로그 https://m.blog.naver.com/knoc3/221802958219
- 한국시멘트협회 http://www.cement.or.kr/
- 한국에너지신문 https://www.koenergy.co.kr/
- 한국원자력 안전기술원 생활주변방사선정보서비스 https://cisran.kins.re.kr
- 한국지질자원연구원 https://www.kigam.re.kr/
- 현대건설 뉴스룸 https://www.hdec.kr/kr/newsroom
- 헬스경향 https://www.k-health.com
- 환경부 http://www.me.go.kr

· 환경부 온실가스종합정보센터 http://www.gir.go.kr

· 환경부 환경통계 포털 http://stat.me.go.kr/

· 환경운동연합 http://kfem.or.kr

· 환경경제신문 그린포스트 코리아 http://www.greenpostkorea.co.kr

강연

· Paul Anastas, "Green Chemistry: The Future", Proudure University (2018), https://www.
youtube.com/watch?v=J9SpYVx8H68

영화

· Craig Leeson, 〈The Plastic Ocean〉 (2016)

사진

· 31쪽 왼쪽

Rubik B, "Microphotography of raw and processed milk: a pilot study", *Wise Traditions
in Food, Farming, and the Healing Arts* (2012), 40-44.

· 31쪽 오른쪽

허브누리 https://herbnoori.com/m/board.html?code=herbnoori_image2&board_cate=&
num1=999980&num2=00000&type=v&&s_id=&stext=&ssubject=&shname=&sconten
t=&sbrand=&sgid=&datekey=&branduid=&dock

· 58쪽

https://ko.wikipedia.org/wiki/%EB%AA%A8%EB%82%98%EC%9E%90%EC%9D%B
4%ED%8A%B8#/media/%ED%8C%8C%EC%9D%BC:Monazite-(Ce)-164025.jpg

· 65쪽

환경부 온실가스종합정보센터, 〈2021년 국가 온실가스 배출량 6억 7,960만 톤 예상〉 (2021), 2

· 73쪽 왼쪽

https://ko.wikipedia.org/wiki/%EC%84%9D%ED%9A%8C%EC%95%94#/media/%E
D%8C%8C%EC%9D%BC:Brachiopoda-limestone_hg.jpg

- 73쪽 가운데

  https://upload.wikimedia.org/wikipedia/commons/8/8e/Hot_Clinker_2.jpg
- 73쪽 오른쪽

  https://en.wikipedia.org/wiki/Energetically_modified_cement#/media/
  File:Energetically_Modified_Cement_(EMC)_Lule%C3%A5_Sweden_08_2020.jpg
- 81쪽 위 그래프

  미국항공우주국(NASA), https://climate.nasa.gov/scientific-consensus/
- 81쪽 아래 그래프

  국립기상과학원 기후연구부, 《2021 지구대기감시 보고서》 (2021), 13
- 83쪽

  https://en.wikipedia.org/wiki/Permafrost#/media/File:Permafrost_thaw_ponds_in_
  Hudson_Bay_Canada_near_Greenland.jpg
- 85쪽 위 그래프

  기상청, 《지역기후변화보고서: 서울》 (2011), 27
- 85쪽 아래 그래프

  기상청, 《지역기후변화보고서: 서울》 (2011), 35
- 93쪽

  https://microbenotes.com/microorganisms-in-soil/
- 128쪽

  https://theoceancleanup.com/media-gallery/
- 133쪽

  https://theoceancleanup.com/media-gallery/#&gid=10&pid=6
- 199쪽

  https://theoceancleanup.com/media-gallery/

✦ 묻고 답하다

소설이 묻고 과학이 답하다
소설 읽는 봉구의 과학 오디세이

민성혜 지음 | 유재홍 감수 | 값 12,000원
2011년 문화체육관광부 교양도서
2011년 행복한아침독서 청소년 추천도서

소설이 묻고 철학이 답하다
문득 당연한 것이 궁금해질 때
철학에 말 걸어보는 연습

박연숙 지음 | 13,500원
2018년 세종도서 교양 부문 선정
2018~2019년 학교도서관저널 청소년 추천도서
2019년 행복한아침독서 청소년 추천도서

역사가 묻고 지리가 답하다
지리 선생님이 들려주는 우리 땅, 우리 역사 이야기

마경묵, 박선희 지음 | 14,000원
2019년 세종도서 교양 부문 선정
2019년 행복한아침독서 추천도서 선정

역사가 묻고 화학이 답하다
시간과 경계를 넘나드는 종횡무진 화학 잡담

장홍제 지음 | 15,800원
2022년 대한출판문화협회 청소년 교양도서
2022년 청소년출판협의회 권장 도서 목록 선정

✦ 내 멋대로 읽고 십대

구봉구는 어쩌다
수학을 좋아하게 되었나
이상하고 규칙적인 수학 마을로 가는 안내서

2016년 행복한아침독서 중1~2학년용 추천도서
2016년 행복한아침독서 중고등학교도서관용 추천도서

고전적이지 않은 고전 읽기
**읽기는 싫은데 왜 읽는지는 궁금하고
다 읽을 시간은 없는 청소년을 위한**

2019년 세종도서 교양 부문 선정
2019년 대한출판문화협회 청소년 교양도서
2020년 행복한아침독서 청소년 추천도서

SF는 인류 종말에 반대합니다
'엉뚱한 질문'으로 세상을 바꾸는 SF 이야기

김보영,박상준 지음 | 이지용 감수 | 14,800원
2019년 대한출판문화협회 청소년 교양도서
2019년 도깨비책방 추천도서
2019년 행복한아침독서 청소년 추천도서
2019년 학교도서관저널 청소년 추천도서
2021년 전국독서새물결모임 추천도서

수학의 눈으로 보면
다른 세상이 열린다
**영화와 소설, 역사와 철학을 가로지르는
수학적 사고법**

나동혁 지음 | 14,800원
2020년 학교도서관저널 청소년 추천도서

수업 시간에 들려주지 않는 돈 이야기
성인이 되기 전 꼭 알아야 할 일상의 경제
윤석천 지음 | 14,500원
경기중앙교육도서관 추천도서

우리가 수학을 사랑한 이유
전혜진 지음 | 다드래기 그림 |
이기정 감수 | 16,500원
2022년 세종도서 교양 부문 선정
2022년 행복한아침독서 청소년 추천도서
2022년 청소년출판협의회 권장 도서 목록 선정

화학의 눈으로 보면 녹색지구가 펼쳐진다

초판 1쇄 발행   2023년 1월 13일
초판 6쇄 발행   2024년 7월 26일

지은이 • 원정현

펴낸이 • 박선경
기획/편집 • 이유나, 지혜빈, 김선우
홍보/마케팅 • 박언경, 황예린, 서민서
표지 디자인 • studio forb
일러스트 • 신혜진
본문 디자인 • 디자인원
제작 • 디자인원(031-941-0991)

펴낸곳 • 도서출판 지상의책
출판등록 • 2016년 5월 18일 제2016-000085호
주소 • 경기도 고양시 일산동구 호수로 358-39 (백석동, 동문타워 I) 808호
전화 • 031)967-5596
팩스 • 031)967-5597
블로그 • blog.naver.com/kevinmanse
이메일 • kevinmanse@naver.com
페이스북 • www.facebook.com/galmaenamu
인스타그램 • www.instagram.com/galmaenamu.pub

ISBN 979-11-976379-5-7/03430
값 16,000원